OBSERVATIONS

SUR

QUELQUES PLANTES DE FRANCE,

SUIVIES DU

CATALOGUE DES PLANTES VASCULAIRES

DES ENVIRONS DE NANCY.

OBSERVATIONS

SUR

QUELQUES PLANTES DE FRANCE,

SUIVIES DU

CATALOGUE DES PLANTES VASCULAIRES

DES ENVIRONS DE NANCY ;

Par H. F. SOYER-WILLEMET,

Ancien Pharmacien, Bibliothécaire en chef et Conservateur du Cabinet d'Histoire naturelle de la ville de Nancy, Bibliothécaire-Archiviste de la Société Royale des Sciences, Lettres et Arts et Secrétaire-Archiviste-Trésorier de la Société centrale d'Agriculture de la même ville, Rédacteur principal du Bon Cultivateur ; Correspondant de la Société médico-botanique de Londres, de la Société d'Histoire naturelle de Paris, des Sociétés Linnéennes de Paris et de Bordeaux, de la Société Royale des Lettres, Sciences, Arts et Agriculture de Metz, des Sociétés d'émulation des Vosges et philomatique de Verdun.

NANCY,

DE L'IMPRIMERIE DE C.-J. HISSETTE, IMPRIMEUR DE L'ACADÉMIE, DE LA SOCIÉTÉ DES SCIENCES, DE L'ÉCOLE DE MÉDECINE, ETC.

Se vend à Nancy,

Chez { BONTOUX, Libraire, rue des Dominicains, n°. 53.
{ GRIMELOT, Libraire, place Royale, n.°⁵ 7 et 9.

Décembre 1828.

OBSERVATIONS

SUR

QUELQUES PLANTES DE FRANCE.

Ces Observations ont pour objet principal, les plantes re-
cueillies pendant un voyage que nous fîmes en 1826, M.
Monnier et moi, dans l'Ouest, le Midi et l'Est de la France.
Les localités les plus intéressantes que nous avons parcourues
sont Bordeaux et Saucatz, St.-Sever, Dax, Bayonne et St. Jean-
de-Luz, les Pyrénées françaises et espagnoles, Toulouse et
le Canal du midi, Montpellier, Nimes et le pont du Gard, Marseille, Toulon, Hyères, Avignon et Vaucluse, Lyon, Dijon.
Nous en avons rapporté environ 3,000 espèces et plus de
18,000 échantillons, la plupart recueillis par nous-mêmes,
mais dont nous reçûmes une partie de MM. Laterrade et
des Moulins, Léon Dufour, Thore fils, Paul Boileau, Marchand, Coder, Panaget, Bouchet, Gouffé-Lacour, Solier,
Requien et Lorey; qu'il nous soit permis de leur témoigner
ici notre reconnaissance (1). A ces observations j'en joindrai
d'autres sur les plantes des environs de Nancy. Puissent quelques exemples que les botanistes y verront, les engager à se
communiquer, plus qu'ils ne le font, et leurs remarques et
leurs échantillons ! Une foule de plantes sont encore cachées

(1) Je dois aussi des remercîmens à MM. Mougeot et Nestler, qui
m'ont fourni les moyens de collationner toutes ces espèces , en me
communiquant les livres de leurs bibliothèques et les plantes de
leurs riches collections qui pouvaient intéresser mes recherches. Enfin, j'ai eu à ma disposition les belles bibliothèques botaniques de
MM. Monnier, mon compagnon de voyage, et Bonfils, pharmacien
à Nancy.

sous de faux noms, parce que nous croyons avoir bien déterminé l'espèce qui croît sous nos yeux, et que nous refusons cette même espèce quand elle nous est offerte par nos correspondants (1). Depuis long-temps, j'ai pris le parti de ne plus désigner aux miens de *desiderata;* je reçois tout, pourvu que la localité soit bien indiquée, et je m'en suis félicité plus d'une fois.

Je demande à mes lecteurs de l'indulgence : je sais qu'il en est à qui j'apprendrai peu de choses; mais je me suis décidé à publier toutes les observations que j'ai crues nouvelles, et propres à éclairer ou à contredire les idées généralemeut reçues. Je prie ceux qui reconnaîtront que je me suis trompé, de ne pas craindre de m'en instruire par la voix des journaux ; c'est la vérité que je cherche, que je provoque même, et je saurai l'entendre sans humeur. J'ose espérer aussi que ceux contre qui j'ai dirigé quelque critique, ne m'en voudront point: je l'ai fait dans l'intérêt de la Botanique; mais je crois ne pas m'être écarté de la politesse et des égards qui doivent être familiers aux sectateurs de *l'aimable Science.*

I. Tous ceux qui ont étudié attentivement les *Adonis* annuels de France, ont dû reconnaître que les caractères pris de la végétation sont très-variables, et ne peuvent servir à les distinguer comme espèces. Une faute grave que LINNÉ a laissée dans son *Species,* a encore augmenté les difficultés: il donne des épis fructifères ovales à l'*A. œstivalis* et subcylindriques à l'*A. autumnalis,* et quoique les figures de CAMERARIUS et de CLUSIUS, qu'il cite, viennent contredire son caractère spécifique, beaucoup de botanistes y ont été trompés, d'au-

---

(1) C'est ainsi qu'on voit dans beaucoup d'herbiers, le *Festuca sciuroïdes* sous le nom de *bromoïdes;* l'*Erica polytrichifolia* sous celui d'*arborea;* qu'on donne le *Gypsophila repens* pour le *prostrata,* le *Melampyrum pratense* pour le *sylvaticum,* le *Prosera longifolia* pour l'*anglica,* etc., etc.

tant plus que rien n'est moins certain que le nombre des pétales (1), second caractère donné par Linné. Le calice plus
ou moins velu, plus ou moins prolongé au-dessous du point
d'insertion; la tige plus ou moins rameuse. la fleur plus ou
moins pédonculée, n'offrent pas de meilleurs caractères.
C'était donc dans le fruit seul qu'il fallait en chercher de
suffisants pour distinguer les espèces, et c'est ce qu'a fait
M. Reichenbach dans la 4.ᵉ centurie de son *Iconographia
botanica*.

Il réduit à trois les espèces européennes qui appartiennent à la
division *Adonia* de M. de Candolle, savoir : les *A. œstivalis*,
flammea et *autumnalis*. C'est une seule espèce que Linné ne
connaissait pas, ou plutôt qu'il confondait avec l'*A. œstivalis*.

1°. L'*A. œstivalis* Linn. présente le caractère suivant : *carpiis margine superiori bidentato, stylo adscendente*. Reich.
l. c. p. 15. T. 317. Cette espèce est abondante à Nancy. La
fleur varie du rouge de minium au jaune, et je lui ai toujours
vu l'onglet taché de noir ; mais, selon Reichenbach, ces taches
s'effacent quelquefois. La fleur est ordinairement très-rappro-
chée des feuilles ; cependant le pédoncule s'alonge dans la
suite de la végétation. Le nombre et la grandeur des pétales
varient beaucoup : on voit des fleurs depuis 6 lignes jusqu'à
un pouce et demi de diamètre ; généralement, la longueur
des pétales est le double de leur largeur. Le syncarpe forme
un épi cylindrique, souvent long de plus d'un pouce ; les carpelles y sont très-serrés sur le rachis. Ces carpelles ont le
style oblique, c'est-à-dire formant un angle obtus avec le

_____

(1) « Lorsque l'*A. œstivalis* n'offre que 5 pétales, dit M. de
« St.-Amans Fl. Agen. p. 284), ce n'est dû qu'à l'avortement des
« trois autres. La position respective de ces 5 pétales, qui laissent
« entre eux précisément trois intervalles vides. ne permet nul doute à
« cet égard ». Il en conclut que l'*A. autumnalis* doit être supprimé.
Il réunit aussi à l'*œstivalis*, l'*A. flammea* Jacq., parce qu'il croyait
qu'il n'en diffère que par ses pétales linéaires.

bord supérieur ; ils sont ridés, et les rides simulent une espèce de coîffe, si je puis m'exprimer ainsi, qui, partant du style, descend jusqu'au milieu du dos du carpelle. Cette coîffe adhère par toute sa surface, excepté par ses bords qui sont crénelés et paraissent légèrement détachés. Ce sont ces crénelures, lorsqu'elles sont très-prononcées, qui forment les dents latérales et la dent dorsale du carpelle des *Adonis*. Outre ces dents, on en remarque encore sur le bord supérieur : dans l'espèce qui nous occupe, il y en a une située non loin du style, mais qui ne le touche pas, et une autre au point où le carpelle adhère au rachis. — Cette plante est l'*Adonis flore pallido*. Camer. ep. 648. ic. (cité par Linné), l'*A. miniata* Jacq. et Pers. (1), l'*A. flammea* Schleich. et Thom. pl. exs. (c'est aussi celui de M. Seringe, pl. exs. , selon Reichenbach), l'*A. maculata* Wallr. M. Reichenbach y réunit les *A. flava*, *citrina* et *microcarpa* de de Candolle.

2.° L'*A. flammea* Jacq. se distingue : *carpiis margine superiori ante stylum erectum gibbo*. Reich. l. c. p. 16. T. 318. Il n'est pas rare à Nancy, où il a été distingué par M. Léon Hussenot, jeune botaniste plein de zèle, qui a retrouvé dans nos environs un assez grand nombre de plantes rares qu'on n'y connaissait que par tradition. La fleur a les pétales généralement plus étroits et d'un rouge plus vif que celle du précédent : l'onglet est quelquefois faiblement taché ; mais cette tache, quand elle existe, ne peut se comparer à celle de l'*A. æstivalis*, ni pour la grandeur ni pour l'intensité. Les pétales sont, tantôt pointus et déchirés au sommet, comme les représente la fig. de Reichenbach, tantôt obtus et entiers. La fleur peut acquérir les mêmes dimensions que la précédente ; mais les plus grandes qui aient été trouvées à Nancy, n'ont

---

(1) Il est probable que Jacquin n'a établi son *A. miniata*, que parce qu'il ne pouvait rapporter sa plante à la phrase spécifique que Linné a donnée pour l'*A. æstivalis*. Persoon a fait un double emploi, en conservant les *A. æstivalis* et *miniata*.

guère qu'un pouce de diamètre : elle paraît toujours longuement pédonculée. Le syncarpe est cylindrique, de même
longueur que dans l'*œstivalis*; mais les carpelles y sont moins
rapprochés l'un de l'autre (1): ils sont aussi moins gros, plus
ridés et moins anguleux. Le style est vertical (ou forme un
angle droit avec le bord supérieur); il est toujours noir ou
sphacélé, caractère dont REICHENBACH ne parle pas, et qui ne
se voit jamais dans l'*œstivalis*. Dans le *flammea*, la coiffe est
bien moins visible, parce que souvent ses bords ne sont pas
détachés; alors on ne remarque ni dents latérales, ni dent
dorsale : d'autres fois, on les aperçoit très bien. Le bord supérieur se distingue par une bosse qui part du style : très-
rarement, on aperçoit le rudiment d'une autre dent au point
d'insertion; mais, quand elle existe, elle n'est jamais aussi
prononcée que dans l'*A. œstivalis* : d'ailleurs, le style sphacélé vertical, et sa connivence avec la bosse du bord supérieur,
forment des caractères suffisants pour reconnaître ces deux
espèces, caractères qui se joignent à d'autres plus frappants
encore, quoique plus difficiles à exprimer. — M. REICHEN-
BACH réunit à cette espèce les *A. anomala* et *parviflora* de
DE CANDOLLE. J'y réunirai aussi l'*A. dentata β provincialis*
(DE C. syst. I. 224), si l'échantillon que j'en ai vu, et qui
vient du Dauphiné, est bien déterminé. REICHENBACH signale
la différence qui paraît exister entre cette variété et l'espèce
égyptienne; en effet, si on jette les yeux sur la planche
53, fig. 1, de la description de l'Égypte, on y verra des
fruits qui s'éloignent de ceux de tous nos *Adonis* connus; mais
la description de M. DELILLE s'en rapproche davantage (2).

(1) Je crois que M. DE CANDOLLE a confondu l'*A. flammea* à petite
fleur avec l'*œstivalis*, puisqu'il dit, pour ce dernier : « *carpella*...
« *inter se nullo modo contigua sed distantia, in spicam laxam*...
« *disposita*. syst. I. 224, » ce qui convient à l'*A. flammea*, mais
jamais à l'*œstivalis*.

(2) Ceux qui pourront examiner des échantillons de l'*A. dentata*
d'Égypte, reconnaîtront peut-être ce que je soupçonne : c'est que

3.° L'*A. autumnalis* Linn. est ainsi caractérisé : *carpiis margine superiori arcuato, stylo horizontali*. Reich. l. c. p. 17. T. 319. Cette plante est cultivée dans nos jardins sous le nom de *Goutte de sang*. On prétend qu'elle est spontanée à Paris et à Strasbourg; Clusius dit ne l'avoir jamais vue que cultivée (1). On la reconnaît facilement à ses pétales d'un rouge noirâtre, arrondis et concaves, qui rendent la fleur globuleuse, et à ses sépales colorés en rouge. Le syncarpe est ovale, long de six lignes, quelquefois un peu plus, jamais cylindrique. Les carpelles sont à peu près de la grosseur de ceux de l'*A. œstivalis*, mais ils ressemblent davantage pour la forme à ceux de l'*A. flammea*. Ils diffèrent néanmoins des uns et des autres en ce que le style, au lieu d'être oblique ou vertical, est horizontal, c'est—à—dire suivant la ligne du bord supérieur.—C'est le *Flos Adonis vulgo* Clus. hist. III. 336. ic. (cité par Linné), l'*A. œstivalis* de Bieberstein et du Bon jardinier. Reichenbach y réunit l'*A. micrantha* de de Candolle (Prodr).

II. J'avais écrit un long article pour prouver que les *Ranunculus montanus, Villarsii* et *Gouani* appartiennent à la même espèce, et qu'ils forment, non pas trois variétés comme le croit Biria (Renonc.), non pas trois variations comme le veut Bentham (Catalogue des Pl. des Pyrénées), mais deux variétés et une variation. M. Loiseleur Deslongchamps ayant adopté une idée semblable dans la 2.ᵉ édition de son *Flora gallica*, j'ai dû modifier beaucoup ma note; cependant je ne

la figure de la description de l'Égypte est chargée; qu'on a tout sacrifié à la démonstration des dents latérales, et qu'il y a plus d'analogie entre ces carpelles et ceux de nos *Adonis*, que cette figure ne l'indique. Car, que l'on suppose les dents des bords de la coiffe très-prononcées, et l'on aura les dents latérales de l'*A. dentata*.

(1) C'est la seule espèce que M. Balbis indique dans sa Flore lyonnaise (I. 8. exc. syn. Jacq.).

crois pas que ce que j'en ai conservé soit tout à fait inutile.

Presque tous les caractères donnés pour reconnaître ces trois prétendues espèces, sont faux ou peu constants : mais elles en ont un qui leur est commun, et qui les distingue de celles auxquelles on les compare ordinairement (1) : c'est d'avoir les nervures translucides (2) et au nombre de trois, qui s'étendent parallèlement sur chaque lobe principal.

Nous avons surtout rapporté des Pyrénées la variation du *R. montanus* que Thomas (Catal.) désigne sous le nom de *R. m. tenellus* Fl. helv., et qui diffère de la var. β *tenuifolius* de DE Candolle. Ces échantillons prouvent combien les caractères indiqués par les auteurs sont peu solides : car, les uns ont le calice et le bas de la tige glabre, comme le véritable *montanus* ; les autres ont le calice glabre et le bas de la tige velu ; d'autres, enfin, ont le calice velu ainsi que le bas de la tige, où les poils sont droits ou couchés : tous néanmoins ont les feuilles radicales glabres. Mais je possède des échantillons de Suisse, envoyés par Schleicher et autres botanistes, dont les feuilles, à lobes tantôt obtus, tantôt pointus, sont glabres ou velues ; la tige est aussi quelquefois pluriflore et hérissée dans le bas. Je ne vois donc aucun moyen de conserver le *R. Villarsii*, autrement que comme variation. Il m'a été envoyé par M. DE Miribel de Grenoble, qui s'occupe à rechercher, dans leurs localités, les plantes indiquées par Villars, et qui les compare, soit à l'herbier de ce Botaniste, soit aux nombreux matériaux qu'il a reçus de sa famille : c'est absolument la même plante que le *montanus*.

Quant au *R. Gouani*, lorsqu'il a tous ses caractères, il peut

(1 Mais non du *R. auricomus*, dans lequel les nervures présentent quelquefois le même caractère, quoique d'une manière moins marquée que dans le *montanus*.

(2 Ce n'est que sur des échantillons secs que j'ai remarqué cette translucidité, que les feuilles du *R. alpestris* possèdent encore ; j'ignore si on peut la voir dans la plante fraîche.

passer pour espèce : il est alors aisé à distinguer à sa grande taille, à ses larges fleurs (j'en ai vu à Labatsec, près Bagnères de Luchon, d'aussi larges à peu près que dans le *Trollius*), et surtout à sa feuille caulinaire dont les segments sont soudés, plus larges que dans le *montanus* et le *Villarsii*, ordinairement découpés, mais quelquefois entiers. Cette feuille supérieure est souvent fort rapprochée de la fleur, et forme pour elle une espèce d'involucre remarquable. Mais il ne conserve pas toujours des caractères aussi tranchés : sa tige s'abaisse souvent, les segments de la feuille caulinaire se séparent, diminuent de largeur et perdent de leurs dents ; ceux des *R. montanus* et *Villarsii* en gagnent quelquefois, ce qui a autorisé M. Bentham (Cat. des Pl. des Pyr.) à regarder ces trois plantes comme appartenant à la même espèce. C'est dans les terrains gras et herbeux que j'ai vu le *R. Gouani* dans toute sa force ; il est probable qu'en le transportant dans un terrain plus maigre, on le ferait passer au *montanus* ou au *Villarsii* (1).

M. Monnier, qui a beaucoup plus parcouru les Pyrénées que moi, et qui a l'avantage d'avoir vu les Alpes, s'exprime ainsi dans ses notes sur notre voyage : « C'est surtout en « montant aux pacages d'Anouillas (Basses-Pyrénées) et au « col de Lurdé qui les domine, que j'ai eu occasion de re- « marquer le passage de ces variétés de l'une à l'autre. Dans « les pacages mêmes, et notamment aux endroits où se rassem- « blent les troupeaux pendant la nuit, le *R. montanus*, qu'ils « épargnent constamment, a tous les caractères du *Gouani* ; « il est souvent multiflore, et atteint de 8 à 10 pouces de hau- « teur : à la même élévation, mais où le terrain est moins « fertile, il est réduit à la moitié de cette taille. Plus haut, « il devient plus grêle et acquiert plus de villosité ; c'est du

(1) M. Schleicher m'a envoyé, sous le nom de *R. Gouani*, une plante que je crois cultivée ; les lobes de la feuille supérieure sont linéaires et entiers, les feuilles radicales sont velues, enfin c'est un *Villarsii* a feuilles un peu plus épaisses.

« *Villarsii*. Enfin, en montant au col du Lurdé, la plante
« devient basse et glabre, sa fleur n'est guères que d'un tiers
« plus grande que le calice : ce n'est plus que du *montanus*.
« J'ai fait les mêmes observations dans les Alpes, où l'on
« trouve toutes ces modifications. »

D'après ce qui précède, les trois plantes qui nous occupent
doivent être groupées ainsi qu'il suit (1) :

R. (montanus) carpellis glabris punctatis, foliis radica-
libus petiolatis cordato-orbiculatis tri-quinque lobis, laci-
niis inciso-dentatis; caulino sessili digitato vel palmato :
caule subunifloro.

α. *Lapeyrousii. Folio caulino digitato, lobis linearibus*
subintegris. R. montanus LAPEYR. — *Variat :* 1. *fol. ra-*
dicalibus glabris. R. montanus. DE C. 2. *fol. radicalibus*
hirsutis. R. Villarsii. DE C.

β. *Gouani. Folio caulino palmato, lobis lanceolatis*
subdentatis (2). *R. Gouani.* WILLD. et AUCT. (3).

Le *R. Thomasii* de la Fl. Helv. ne paraît être qu'un *mon-*
tanus parfaitement glabre ; sur deux échantillons que m'a
communiqués M. MONNIER, l'un a les segments de la feuille
supérieure linéaires et entiers, l'autre les a lancéolés et dentés.

J'ai reçu de Corse, sous les noms de *R. montanus* et *pyg-*
mæus, une plante qui a beaucoup de rapports avec le *R. mon-*
tanus, mais dont la corolle dépasse à peine le calice.

(1) Cette note était écrite avant la publication de la 2.ᵉ édition du
Flora gallica.

(2) J'ai remarqué, parmi mes échantillons des Pyrénées, des individus dont la feuille supérieure est à 5 lobes entiers. Ils se rapprochent beaucoup du *R. nivalis* de LINNÉ, mais ils en diffèrent par les
feuilles radicales. M. MOUGEOT m'a communiqué la même variation
venant d'Autriche.

(3) M. REICHENBACH (Icon. bot. cent. 2. p. 30.) dit que le *R.*
montanus a le réceptacle presque nu, c'est-à-dire garni de quelques
poils roides, tandis qu'il est lanugineux dans les *Villarsii* et *Gouani*.
Il demande si ce caractère est constant ; je ne le crois pas.

Enfin, je dois signaler ici une monstruosité remarquable (essai de retour au type) du *R. montanus*, que SCHLEICHER indique dans son Catalogue sous le nom de *R. Gouani β foliaceus*. La tige, qui est rameuse, porte à sa première bifurcation une feuille divisée en cinq lobes supportés par cinq pétioles assez longs qui partent du même point; chacun de ces lobes est un losange incisé au sommet. Dans un autre échantillon, chaque pétiole porte une petite feuille lobée, assez semblable aux feuilles radicales. Nous reviendrons sur ce phénomène dans l'article suivant.

III. Le *Ranunculus auricomus* est très voisin du *montanus*, et en a été beaucoup trop écarté dans le *Systema* de M. DE CANDOLLE et dans la plupart des auteurs; il n'en diffère même essentiellement que par les carpelles couverts de petits poils roides, au lieu d'être glabres et ponctués, caractère qui m'a été indiqué par M. MONNIER. Celui pris de la forme des feuilles n'est point assez solide, non plus que celui du nombre des fleurs de la tige; car M. CODER nous a donné, du Canigou, une variation remarquable par sa tige ordinairement uniflore : la corolle atteint les plus grandes dimensions de celle du type, et le calice est un peu plus velu. Quant aux feuilles caulinaires du *R. auricomus*, leurs lobes peuvent être entiers ou dentés, sans qu'il faille y attacher plus d'importance que dans l'espèce précédente (1); au contraire, je regarde le *R. cassubicus*, fondé en partie sur la découpure de ces lobes, comme plus rapproché de l'*auricomus* que le *Gouani* ne l'est du *montanus*.

Voici la phrase que je propose pour le *R. auricomus*, comparée à celle du *montanus* :

R. (auricomus) carpellis hirsutis, foliis radicalibus petiolatis cordato-reniformibus crenatis vel tri-quinque lobis,

---

(1) Voyez aussi les observations de M. SERINGE sur le *R. thora*, mel. bot. II. N.° 3. p. 9 et 10, ou pl. select. *R. thora*.

laciniis inciso-dentatis ; caulinis sessilibus digitatis : caule submultifloro.

α. *communis. Lobis foliorum caulinorum subintegris.* — *Variat :* 1. *caule multifloro.* R. *auricomus* Linn. et Auct. 2. *caule unifloro.* R. *auricomus?* Coder. ined.

β. *cassubicus. Lobis foliorum caulinorum dentatis.* — *Variat :* 1. *foliis radicalibus tripartitis aut lobatis.* R. *auricomus* β *procerior* de C. syst.? 2. *foliis radicalibus reniformibus crenatis.* R. *cassubicus.* Linn. et De C. syst.

Au reste, la réunion du R. *cassubicus* à l'*auricomus* est autorisée, non-seulement par le soupçon que de Candolle émet dans son *Systema*, mais encore par l'opinion de Link (enum. II. 95.), qui confirme ce soupçon et les regarde comme appartenant à la même espèce (1).

Si l'examen et la comparaison de toutes les modifications que subissent les R. *montanus* et *auricomus*, ne sont pas suffisants pour démontrer la grande analogie qu'ils ont ensemble, je puis en apporter une nouvelle preuve : car j'ai retrouvé dans l'herbier de mon aïeul, R. Willemet, une plante innominée qui n'est qu'une monstruosité du R. *auricomus*, tout à fait semblable au R. *Gouani* β *foliaceus* de Schleicher.

IV. Le *Berberis* inséré par R. Willemet dans sa Flore de Lorraine, sous le nom de *B. cretica*, et, d'après cet ouvrage, dans la première édition du *Flora gallica* de M. Loiseleur Deslongchamps, n'appartient pas à cette espèce. J'en avais reçu un fragment provenant d'un échantillon sans fleur envoyé par mon aïeul à M. Mougeot. Dans ce fragment, les feuilles sont à peu près de même forme que celles du B. *vulgaris ;* mais elles sont pétiolées, et paraissent articulées au

(1) J'ai cueilli au Jardin des plantes de Paris, en 1826, sous le nom de R. *cassubicus*, une plante dont les feuilles radicales, loin d'être réniformes et non lobées, sont bien plus découpées que dans l'*auricomus*.

milieu du pétiole. Un autre échantillon sans fleur ayant été adressé à M. Loiseleur depuis la publication de sa Flore, il vit d'abord que ce n'était point le *B. cretica*, et le regarda comme une espèce nouvelle qu'il nomma *B. articulata;* mais comme il apprit que je ne l'avais pas trouvé dans l'herbier Willemet, et son échantillon étant très-incomplet, il resta dans le doute, et n'en fit aucune mention dans sa 2.º édition. M. Hussenot en a rencontré dernièrement un pied, aussi sans fleur, dans le bois de la Croix-gagnée de Nancy ; mais les feuilles offrent cette particularité, qu'au lieu de paraître articulées au milieu du pétiole, elles le sont sous le limbe même. Cette circonstance, jointe à l'absence des fleurs sur tous les échantillons connus, m'ont convaincu que notre plante n'est qu'une monstruosité par excès, ou si l'on veut un retour au type du *B. vulgaris* (1) ; effectivement, en examinant les feuilles fasciculées de cette espèce, on remarque qu'elles ont toutes un pétiole extrêmement court et élargi à sa base, caché par les téguments des bourgeons, et sur lequel le limbe est articulé. L'avortement des fleurs se lie sans doute avec l'alongement de ce pétiole, qui prend quelquefois jusqu'à deux pouces de longueur. Si, dans l'échantillon de M. Mougeot, la feuille paraît articulée au milieu du pétiole, c'est que cette feuille a conservé la forme naturelle à l'espèce, c'est-à-dire qu'elle est atténuée à sa base; tandis que, dans l'échantillon de M. Hussenot, cette base est arrondie, et même quelquefois échancrée, ce qui cause la différence apparente dans la position de l'articulation. Une autre différence que présentent ces deux échantillons, c'est que celui de M. Mougeot est muni d'épines tricuspidées (longues seulement de 4 lignes), tandis que celui de M. Hussenot en est privé, particularité qui se rapporte probablement à l'analogie des épines du *Berberis* avec les feuilles (voy. de Candolle, organ. II. 180). Enfin, je dois

____

(1) C'est le *B. v. monstroso-petiolata* de mon Catalogue (voyez ci-après).

ajouter que, d'après l'étiquette de l'échantillon de M. Mou-
GEOT, qu'il a eu la complaisance de me communiquer, il a
été cueilli sur un pied cultivé au jardin des plantes de Nancy.

V. Le *Fumaria parviflora* de Schleicher (Cat. et pl. exs.)
ne peut appartenir à cette espèce; il a les fleurs et les fruits
du *parviflora* avec les feuilles et le port du *capreolata*. Ces
feuilles ont cependant les lobes plus étroits, et ressemblent
plutôt à celles du *F. media*, dont la plante de Suisse diffère
par ses petites fleurs, ses silicules mucronulées et ses pédicelles fructifères étalés. Est-ce encore une nouvelle espèce, ou
bien faut-il adopter l'opinion de DE CANDOLLE (syst. II. 134)
qui soupçonne qu'il y a une grande réunion à faire dans sa
section des *Sphærocapnos?* Il demande s'il ne faut pas regarder comme des modifications de la même espèce, les Fu-
meterres à fruits globuleux et à pédicelles fructifères dressés,
telles que les *F. media, officinalis, parviflora, Vaillantii* et
densiflora : alors, la plante qui nous occupe, à cause de ses pédicelles étalés, devrait être réunie au *F. capreolata*, auquel
elle serait ce que le *Vaillantii* est à l'*officinalis*. En attendant
qu'une autorité plus forte que la mienne opère cette réunion
importante, je vais, pour me conformer aux idées reçues,
décrire la plante de Schleicher comme espèce :

F. (Schleicheri nob.) *siliculis globosis mucronulatis, pedicellis fructiferis patulis bracteâ longioribus, racemis
oblongis, floribus parvis (rubris), caulibus subscandenti-
bus, foliis bipinnatisectis, petiolis subcirrhosis. F. parviflora.* Schleich. cat. — *Hab. in Helvetiâ.*

VI. L'*Arabis bellidifolia* que nous avons rencontré dans
les Pyrénées (à Labatsec, au col d'Estaubé, au Vignemale) n'a
pas les feuilles glabres comme celui des Alpes, mais garnies
en leurs bords de poils courts, qui se montrent souvent sur la
tige. A cela près, il est parfaitement semblable à la plante

3

des Alpes, et ne peut appartenir à l'*A. pumila ;* car celui-ci, avec une plus petite taille, a la silique plus large, et munie sur chaque face d'une nervure longitudinale bien marquée (1), tandis qu'elle est peu prononcée et qu'elle manque même le plus souvent dans l'*A. bellidifolia.* Les semences du *pumila* sont aussi du double de grosseur ; elles ont surtout l'aile marginale très-large, et leur couleur est plus pâle. Il faut donc modifier la phrase suivante du *Systema* de M. de Candolle : « *A. bellidifolia. . . . herba ex omni parte glabra, « quá notá facile a priore (A. pumilá) differt.* » de C. syst. II. 239.

VII. Nous avons trouvé dans les Pyrénées des échantillons du *Cardamine bellidifolia* à pétioles au moins deux fois aussi longs que le limbe, croissant avec d'autres dont les pétioles sont courts. La var. α *petiolaris* (de C. syst. II. 249.) ne me paraît donc qu'une variation de la var. β *alpina.* Quant à la var. γ *subtriloba,* on la trouve aussi mêlée avec les précédentes, et j'ai même un échantillon dont la racine porte deux tiges, l'une à feuilles divisées, l'autre à feuilles entières. Quelquefois, cependant, cette variété ressemble tellement au *C. resedifolia,* que quelques botanistes, tels que Haller, ont pu les regarder comme appartenant à la même espèce ; mais on les distinguera toujours par les siliques qui, selon l'observation de Villars, sont bien plus solides dans le *bellidifolia* que dans son congénère, où les valves sont minces et presque trans-

(1) Je raisonne du moins d'après les échantillons d'*A. pumila* de mon herbier, que je crois les mieux déterminés. Ils me viennent de la Carniole : ils ont trois pouces de hauteur ; l'un d'eux a la tête penchée vers le haut. Les siliques sont glabres, larges d'une ligne sur 12 ou 13 de longueur. Les semences ont près d'une ligne de diamètre, y compris le bord, qui en occupe la moitié. De toutes les figures citées, je n'ai pu voir que celle de Crantz : elle exprime bien le port de ma plante, mais elle ne représente pas les siliques assez larges ; les miennes s'accordent bien avec la description de de Candolle, l. c.

parentes. Effectivement, nous avons toujours vu le *C. resedi-folia* avec des siliques linéaires, lâches et souvent fléxueuses, tandis que le *bellidifolia*, qui est ordinairement d'une moindre taille, les a plus larges, plus solides, strictes, droites et serrées les unes contre les autres.

VIII. M. Bentham (Cat. des pl. des Pyrén. p. 75) réunit comme trois variétés, sous le nom de *Draba stellata* Jacq., les *D. tomentosa*, *stellata* et *lævipes* de M. de Candolle. Voyons sur quoi il a pu fonder son opinion.

On lit dans le *Systema* de de C. (II. p. 347) que le *D. lævipes* diffère de ses deux congénères, par ses pédicelles tout-à-fait glabres, et par ses carpelles qui sont plutôt des siliques que des silicules, ayant six lignes de longueur sur une de large. Si ces carpelles gardent constamment les mêmes proportions, nul doute qu'ils ne suffisent pour établir une espèce ; mais la longueur des fruits ne paraît pas un caractère fixe dans les *Draba*, puisque ceux du *D. aizoïdes* peuvent varier de 2 à 5 lignes (voyez de C. l. c. p. 333 et Sering. mel. bot. II. n.° 3. p. 30). D'après cela, le *Draba* des Pyrénées, que nous a donné M. L. Dufour, et qui a les pédicelles et les carpelles parfaitement glabres, n'en serait pas moins du *D. lævipes*, quoique ces carpelles n'aient que quatre lignes sur une ; mais comme, d'autre part, ces échantillons ne diffèrent du *D. tomentosa* que par leurs pédicelles glabres, ils ne peuvent en être séparés, et ils y rentreront en effet, après qu'on aura légèrement modifié la phrase spécifique du *tomentosa*, dont les pédicelles pourront être glabres ou pubescents. Des échantillons que M. Monnier a cueillis au pic de Monney (Hautes-Pyrénées), viennent encore exiger ce changement ; car, avec les silicules glabres sur leurs faces et ciliées sur leurs bords (qui sont bien celles du *D. tomentosa*), ils ont aussi les pédicelles glabres. Il faut conclure de ce qui précède, 1.° que les pédicelles glabres ne sont pas proprès au *D. lævipes*; 2.º que cette espèce doit peut-être être réunie au *D. tomentosa*, comme le veut Bentham.

Reste maintenant à distinguer les *D. tomentosa* et *stellata*. Selon DE Candolle (l. c. p. 345 et 346), le premier a les carpelles ovales, glabres ou seulement ciliés; dans le second, ils sont oblongs, glabres dans le type et couverts de petits poils simples dans la var. *hebecarpa*. M. Seringe (l. c. p. 31 et pl. select.) modifie ainsi le diagnosis de ces deux espèces : « Le *stellata* a, dit-il, les silicules lancéolées-oblongues, « marquées d'un sillon longitudinal sur chaque face, et cou- « vertes de poils étoilés; tandis que le *tomentosa* les a cons- « tamment elliptiques, glabres ou couvertes de poils courts, « jamais étoilés. » Le *D. stellata* β *hebecarpa* de DE C. est donc du *D. tomentosa* selon Seringe. Mais le caractère pris de la présence de poils étoilés à la silique est-il bon dans une plante sur le feuillage de laquelle ils abondent? Ce qui me porte à le nier, c'est que je possède dans ma collection un échantillon de Suisse, dont les carpelles présentent quelques poils étoilés entremêlés avec beaucoup de poils simples. Si nous abandonnons ce caractère, il ne restera donc plus, pour distinguer les deux espèces, que la forme de la silicule ovale ou oblongue, modifications qui ne me paraissent pas suffisantes.

Je partage donc, sur ces trois espèces, l'opinion de M. Ben- tham, jusqu'à ce que j'aie rencontré des caractères assez so- lides pour assurer leur établissement. Il ne m'est même pas possible de voir des variétés dans les divers échantillons que je possède : je n'y vois que des variations (1) du *D. stellata*, Jacq. (2).

––––––––

(1) J'ai dans mon herbier cinq variations : 1.º pédicelles et car- pelles velus; 2.º péd. velus et carp. glabres; 3.º péd. velus et carp. ciliés; 4.º péd. glabres et carp. ciliés; 5.º péd. et carp. glabres.

(2) M. Reichenbach (Icon. bot. cent. 3. p. 10 et 11. T. 213) dis- tingue, d'après Sauter, sous le nom de *D. frigida*, le *D. stellata* de Wahlenberg de celui de Jacquin, qu'il rapporte au *D. austriaca* de Crantz. La principale différence qui paraît exister entre ces deux

IX. Il me paraît que la description de l'*Erysimum stric-*
tum de DE CANDOLLE (syst. II. 495. *E. hieracifolium* LINN.),
peut tromper et trompe en effet, parce qu'on rapporte à cette
espèce les échantillons de l'*E. cheiranthus* PERS. (*E. lanceo-*
latum DE C. l. c. p. 502) qui ont la fibre sèche, la tige simple, roide et anguleuse, les feuilles radicales en rosette et
sinuées-subpinnatifides, les caulinaires lancéolées et quelquefois linéaires, à dents très-prononcées (souvent de plus d'une
demi-ligne) et écartées, tels enfin qu'ils se présentent sur les
coteaux secs des environs de Nancy : c'est l'*E. cheiranthus*
γ *firmum.* REICHENB. (Icon. bot. cent. 2. p. 37. T. 147 et
148). Mais dans nos bois, la même plante s'élève à plus de
trois pieds; elle a la fibre plus lâche, la tige plus rameuse au
sommet, presque cylindrique, et les feuilles presque entières :
c'est l'*E. cheiranthus* β *clusianum* REICH. l. c. Ces deux
variétés ont les poils la plupart à trois pointes, et appartiennent à la même espèce, qui se distingue à ses fleurs assez
grandes, de 6 à 8 lignes de diamètre; tandis que, selon REI-
CHENBACH (l. c. cent. 1. p. 14. T. 12), la fleur du véritable
E. hieracifolium n'a guères plus de 2 lignes de diamètre. La
forme des stigmates peut aussi servir à les distinguer.

Quant à la variété alpine (*Cheiranthus alpinus* VILL., *E.*
alpinum PERS. (non DE C.), *E. ochroleucum* β DE C. Fl. fr.,
E. lanceolatum β *minor* DE C. syst., *E. cheiranthus* α *pumi-*
lum REICH. l. c. cent. 2. T. 147), elle pourrait bien, ainsi
que le veut PERSOON, former une espèce distincte; car les poils
de ses feuilles sont tous simples, et non à 3 pointes comme
dans le précédent. Elle offre aussi une variété, dont les feuilles
sont linéaires et entières (*E. murale* DESF., *E. cheiranthus*
β *murale* PERS., *E. alpinum* β *lineare* nob.). J'ai la première

plantes, est l'absence du style aux carpelles du second. C'est le même
caractère qui avait fait distinguer le *D. aizoon* de l'*aizoïdes*, et qui a
depuis été reconnu n'être dû qu'à la fracture accidentelle du style
(voyez SERING. mel. bot. II. n.° 3. p. 30). Est-ce ici la même chose?

des Pyrénées et des Alpes du Dauphiné, et la seconde de la Suisse et de la Styrie.

X. On lit dans des observations très—intéressantes faites par M. Monnard et insérées dans le Tom. VII des annales des Sc. nat. p. 389, que « M. Gay suppose, avec assez de vrai- « semblance, que le *Sisymbrium obtusangulum* Schleich. ne « diffère pas spécifiquement du *Brassica erucastrum* Linn. » l. c. p. 410 (1). Alors la plante figurée par Bulliard (Her-

(1) Si on recourt au *Species* de Linné (éd. 2.ᵉ p. 932) on recon- naîtra que deux plantes, au moins, y ont été confondues sous le nom de *Brassica erucastrum* : 1.º l'*Eruca sylvestris* de Dodoens (pempt. 708), dont la figure se retrouve dans Lobel, Camerarius et Morison (sec. 3. T. VI. f. 16), toutes figures copiées plus ou moins fidèlement sur celle de Mathiole. C'est sur cette plante que Linné a établi son *Si- symbrium foliis linearibus pinnatifido-dentatis*. Hort. cliff. p. 337, qui est l'*Eruca sylvestris major lutea, caule aspero*. C. B. pin. 98, et que M. de Candolle rapporte au *B. erucastrum*; 2.º l'*Eruca sativa* de Fuchs (Hist. 262), adopté par J. Bauhin (hist. II. 861) pour son *Eruca tenuifolia perennis flore luteo*, et qui parait être le *Diplo- taxis tenuifolia* (de C. 1. c. 632.) ou *Sisymbrium tenuifolium* de Linné (Sp. pl. p. 917`; et, ce qui est extraordinaire, c'est que Linné cite la figure de Bauhin pour son *S. tenuifolium*, et celle de Fuchs pour son *B. erucastrum*, quoique la première ne soit qu'une copie réduite de la seconde, de l'aveu de Bauhin lui—même. Les autres citations de Van–Royen et de Dalibard, ne sont que des répétitions de l'Hort. cliff. Ce qui pourrait faire croire que le *S. obtusangulum* n'est que le *B. erucastrum* de Linné, c'est que C. Bauhin rapporte à son *Eruca sylv. maj. lut. caul. asp.* (comme M. de Candolle à son *B. erucastrum*) l'*Eruca sylvestris* de Tabernæmontanus (Ic. 448. f. 1.) rapportée plutôt par J. Bauhin (l. c. p. 862) à son *Eru- ca inodora*, qui est évidemment le *S. obtusangulum* d'après la des- cription et l'*habitat* (il l'indique près de Brisac, le long du Rhin). Effectivement, la figure de Tabernæmontanus parait copiée sur celle de Dodoens quant aux fleurs; mais les feuilles sont différentes, et cette figure convient bien au *S. obtusangulum*. Aussi Linné ne la cite-t-il pas pour son *B. erucastrum*, non plus que l'*Eruca ino- dora* de J. B. Quant à la plante de Bulliard, c'est tout autre chose, et jusqu'à ce qu'il soit bien prouvé qu'elle diffère de celle de Linné, nous lui conserverons le nom de *B. erucastrum*.

bier de la France, T. 331), dont M. de Candolle a vu des échantillons spontanés desséchés, ne serait pas le véritable *B. erucastrum* comme on le lit dans le *Systema* (1).

Le *S. obtusangulum*, qui est une brassicée selon MM. Gay et Monnard (2), a la fleur médiocre et toute jaune, et la silique subtétragone surmontée d'un bec court d'une ligne environ. Il croît abondamment dans les chemins sablonneux et humides vers le Rhin (à Germersheim, à Strasbourg, à Huningue, etc.) où Villars l'a vu et reconnu pour son *S. erucastrum* (3), comme le dit très-bien M. Gay et comme le prouvent les fragments dessinés dans la Flore du Dauphiné, T. 36. Nous l'avons cueilli à Cauterets, au bord de la rivière de Lessera (en Espagne) et à Vaucluse.

Le *B. erucastrum*, j'entends celui dessiné par Bulliard l. c. (4), a la fleur au moins deux fois aussi grande que le

(1) « *Synonyma fere omnia dubia, icone Bulliardi solâ exceptâ* » de C. Syst. II. p. 600. M. de Candolle ajoute : « *Specimen herb.* « *Linn. in hispaniâ lectum non satis caracteres exhibet.* »

(2) La conduplicature des cotylédons avait aussi été remarquée par M. Monnier sur nos échantillons d'Espagne, avant que nous n'eussions connaissance du mémoire de M. Monnard.

(3) M. Nestler m'écrivait dernièrement : « Je suis toujours de « l'avis exprimé dans les annales des Sc. nat. (l. c.), que le *S. erucas-* « *trum* Poll. et Vill. est la même plante que l'*obtusangulum*. J'ai « pour moi l'autorité de Villars, et les échantillons du Palatinat, « communiqués par M. Koch.... Le nom le plus ancien devra « obtenir la préférence. »

(4) Selon M. Gmelin (bad. suppl. p. 512 et 513), la plante de Bulliard ne serait que la Roquette à l'état sauvage : « *Plantam* « *spontaneam B. erucæ* Linn. *seu Erucæ sativæ* de C... *depinxit* « *optime cl.* Bulliard *in herb.* T. 331 *sub B. erucastro* Linn. La « Roquette sauvage. — *B. erucastrum.* de C. syst. II. 600 (*de quâ* « *dicit : synonima fere omnia dubia, icone* Bulliardi *solâ exceptâ*), « *non ad B. erucastrum. L., sed ad plantam spontaneam vel cam-* « *pestrem B. erucæ pertinet. Hæc B. eruca, in hortis oleraceis cul-* « *ta, s. planta sativa, in omnibus partibus est major, minus hirsu-* « *ta, sæpissime glabra, et a plantâ spontaneâ minore in arvis et*

précédent, et jaune veiné de pourpre noirâtre. Sa feuille a
la forme de celle du *Raphanus raphanistrum*, avec lequel il
a aussi des rapports par sa fleur; mais leurs siliques sont bien
différentes, et le bec qui termine celle du *Brassica* est linéaire
et n'a guères qu'une ligne à une ligne et demie de longueur,
toujours en supposant la figure de Bulliard exacte (1), car
je n'ai pas vu la plante: tout ce que j'ai reçu sous le nom de
B. erucastrum était du *B. cheiranthos*, avec lequel il est aisé
de le confondre (2); mais le *B. cheiranthos*, outre qu'il est
bisannuel ou vivace, tandis que son congénère n'est qu'an-
nuel, en diffère essentiellement par le bec de sa silique, qui
est conique et qui atteint jusqu'à six lignes de longueur (voy. la
fleur et le fruit dessinés par Villars, inventeur de cette espèce, T. 36 de sa Fl. du Dauph. Le bec de la silique n'est
pas assez long dans cette figure).

Le *B. cheiranthos* (3) varie beaucoup. Nous avons rapporté
la var. α de Cauterets, de Dax, de Bordeaux; la var. β *re-
curvata*, d'Esquierry; la var. γ *montana* du col de Lurdé.
J'ai cueilli à Labatsec une variation de cette dernière, qui est

« *ad vias Cataloniæ et regni Valentini a me observatâ recedit.* »
Gmel. l. c. Mais pour adopter ce sentiment, il faudrait supposer que
Bulliard a dessiné à plaisir la silique de sa T. 331, qui, certes, n'est
pas celle d'un *Eruca.* J'ai l'*E. sativa* spontané du Valais, et on croira
facilement que son fruit ne diffère pas de celui de l'espèce cultivée.

(1) Link (enum. II. 172) dit le bec conique; Bulliard se con-
tente de dire qu'il n'est pas plat et élargi comme dans la Roquette
cultivée. La fleur est aussi veinée selon Link (l. c.).

(2) Selon M. Balbis, le *B. erucastrum* de l'herb. d'Allioni, donné
et étiqueté ainsi par Haller, est la plante connue sous le nom de *S.
obtusangulum.* Il est de l'opinion de M. Gay relativement à l'identité
de ces deux espèces, dont la dernière, dit-il, n'existe pas (lyon. I. 72).

(3) « C'est bien le *B. erucastrum* Poll., d'après les échantillons
« du Palatinat que je dois à l'obligeance de M. Koch. » Nestl. in litt.
Voyez ce que dit Villars (dauph. III. 344 et Catal. 259) de la
confusion de cette plante, par Linné, avec le *B. erucastrum.*

toute glabre, et n'a d'autres poils que ceux formés par les nervures de la feuille qui dépassent le parenchyme. Le *B. cheiranthos* est très-abondant dans les sables à Haguenau (Haut-Rhin); il croit aussi à Bitche (Moselle), mais il appartient à la var. *montana* et à la variation glabre que je viens de signaler.

Quant au *B. cheiranthiflora*, que je crois avoir cueilli à Cap-Breton (Landes), dans les dunes, il ne me parait pas différer suffisamment du *B. cheiranthos*; au reste, cette espèce a été établie sur le *Raphanus cheiranthiflorus* WILLD. (enum. suppl. 46, et hort. berol. T. 19), que LINK (enum. II. 173) réunit comme synonyme au *B. cheiranthos* (1).

XI. Si la plante, assez commune à Nancy, qui ressemble beaucoup au *Sinapis arvensis*, et qui n'en diffère que par la présence, sur la silique, de poils dirigés en bas; si cette plante, dis-je, est vraiment le *S. orientalis*, je ne puis regarder cette espèce que comme une variété de la première. En ne consultant que la description du *S. orientalis* dans LINNE (amœn. acad. IV. 280), il semble qu'il faille l'appliquer sans aucun doute à notre plante; mais lorsqu'on la compare au *S. arvensis*, on reconnaît entre eux la plus grande ressemblance: tous deux ont le même port, les mêmes feuilles, la tige également munie de poils rares dont un certain nombre est dirigé vers la terre. Ils ne diffèrent donc que par les poils de la silique, et on sait combien ce caractère est trompeur dans les crucifères (2). D'ailleurs, l'échantillon du *S. arvensis* de l'herbier

(1) Le *B. cheiranthiflora* de M. BALBIS (lyon. I. 73) est probablement du *B. cheiranthos*; peut-être ce botaniste a-t-il été guidé dans sa détermination par le synonyme que cite M. DE CANDOLLE (syst. II. 601) pour le *cheiranthiflora* : *S. burgundiacum* hort. Taurin. Je soupçonne que c'est la plante que MM. LOREY et DURET indiquent, dans leur catalogue des plantes de la Côte-d'Or, sous le nom de *B. erucastrum*, et qui serait encore le *cheiranthos*.

(2) « Je voudrais pouvoir empêcher les botanistes de mettre tant

de Linné a les siliques rétrorso-hispides, et son *S. orientalis*
paraît en différer un peu (voy. DE C. syst. II. 616). Je regarde donc notre plante, qui est sans doute la même que
celles de Mayence, de Liége, d'Angers, etc., comme une
variété du *S. arvensis*; c'est au reste l'opinion de MM. Gmelin et Bieberstein, et, avant eux, celle de Smith, qui, dans
sa Flore britannique, ne considère même les siliques velues
ou glabres que comme des variations du *S. arvensis*.

XII. On prend souvent pour le *Drosera anglica* les échantillons du *D. intermedia* (*longifolia* Linn.) dont la hampe a
le double de la longueur des feuilles. Cependant, je possède
plusieurs échantillons de ce dernier qui offrent ce caractère : il
est par conséquent insuffisant pour distinguer les deux espèces.
Le *D. anglica* a été trouvé en 1825 par M. Hussenot dans
les tourbières du lac de Lispach (Vosges), où croît aussi l'*intermedia*. M. le Dr Mougeot les a examinés comparativement, et voici le résultat de ses recherches : « La capsule
« du *D. anglica* s'ouvre tantôt en 4, tantôt en 5 valves; mais
« elle est renflée à son sommet et déborde le calice, ce qui la
« rend différente de celle de l'*intermedia*. Le nombre des
« stigmates est de 6 dans ce dernier, de 8 à 10 dans l'*anglica*;
« mais cela varie encore, de même que la forme de ces stig-
« mates, qui sont tantôt en massue, tantôt émarginés. Il n'y a
« donc de constant que la forme de la feuille : cette dernière
« est absolument semblable à celle des échantillons du *D. an-*
« *glica* que j'ai d'autres contrées. » Moug. in litter. Or, dans
le *D. intermedia*, la longueur du limbe de la feuille n'a qu'un
peu plus du double de la largeur, tandis que dans l'*anglica*
elle a 10 ou 12 fois cette largeur. On peut donc exprimer

« d'importance à ce caractère, qui sera le plus souvent une source
« d'erreurs. » Seringe, mel. bot. l. c. p. 30 (note).

comme il suit les différences distinctives des trois espèces
françaises :

Drosera à limbe des feuilles $\left\{\begin{array}{l}\text{orbiculaire} \dots\dots\dots \textit{rotundifolia.} \\ \text{obové} \dots\dots\dots\dots \textit{intermedia.} \\ \text{oblancéolé-linéaire } \textit{anglica.}\end{array}\right.$

XIII. Le *Polygala amara* de Linné est—il la même plante
que le *P. austriaca* de Crantz, comme le veut M. de Candolle (Prodr. I. 325)? Je ne le pense pas. Linné (Sp.
pl. 987) a établi son espèce sur le *Polygala vulgaris foliis circà
radicem rotundioribus flore cœruleo sapore admodùm ama-
ro* de Bauhin (Pin. 215) ; il cite comme synonyme le *Polygala buxi minoris folio* de Vaillant (paris. 161. T. 32.
f. 2) et le *P. amara* de Jacquin (vindob. 262); enfin il
ajoute : « *Filia P. vulgaris, sed folia majora ; radicali-
« bus decuplò majora, cæterùm nimis affinis.* » Or, ni cette
phrase, ni la figure de Vaillant, ni ce que dit Jacquin (*ha-
bitu hæc planta convenit cum vulgari, ita ut facillimè con-
funduntur*), ne conviennent au *P. austriaca*, espèce très-remarquable par la petitesse et la proportion des parties de sa
fleur ; mais bien à une plante qui croît sur nos pelouses, qui
a les plus grands rapports avec le *P. vulgaris*, et qui n'en
diffère que par sa stature plus basse, ses fleurs et ses feuilles
caulinaires ordinairement plus petites, ses feuilles radicales
beaucoup plus larges et très-obtuses, sa saveur qui, dit—on,
est amère (car j'ai négligé jusqu'à présent de m'en assurer);
enfin, selon l'observation de Reichenbach, par ses bractées
persistantes. Malgré ces différences, je regarde cette plante
comme une variété du *P. vulgaris*, due à ce que, croissant
sur les pelouses sèches, ses feuilles radicales se développent
aux dépens des caulinaires et de la fleur: tandis que les feuilles
inférieures du *P. vulgaris*, qui habite les bois et les lieux
herbeux, sont étouffées: alors les caulinaires, ainsi que la fleur,

prennent plus d'extension, et la plante s'élance pour chercher l'air et la lumière. Cette différence de taille et de station explique, ce me semble, pourquoi la plante des pelouses est plus amère que celle des bois, et peut aussi influer sur l'adhérence des bractées. Quoiqu'il en soit, la plante dont je parle ne peut être confondue avec l'*austriaca*; elle est fort bien représentée dans la figure de Vaillant, et c'est certainement la plante de Jacquin, car c'est elle que M. Nestler a cueillie à Vienne, où elle est connue par tous les botanistes sous le nom de *P. amara*. C'est le *P. amarella* de Crantz (austr. fasc. V. p. 438).

D'après les considérations qui précèdent, voici les caractères qui distinguent le *P. vulgaris* de l'*austriaca*, et leurs principales variétés; j'y ai joint les synonymes de Reichenbach, qui a donné une monographie des *Polygala* dans la 1.re centurie de son *Iconographia botanica*.

1. *P.* (*vulgaris*) *caulibus ascendentibus subsimplicibus, foliis lanceolatis, alis calycinis ovatis capsulam obcordatam superantibus.—Variat floribus :* 1. *majoribus vel minoribus;* 2. *cæruleis, roseis vel albis.*

α. *vera. Foliis caulinis majoribus subacutis, imis minoribus.* P. *vulgaris.* Linn. sp. pl. de C. fl. fr. Mer. fl. par. Reich. l. c. p. 26.—*Icon.* Vaill. T. 32. f. 1. Reich. T. 25. f. 52 et 53.—Le *Polygala quæ onobrychis* 2 Vaill. T. 32. f. 3. dont M. Besser a fait le *P. Vaillantii*, ne me paraît qu'une variation à fleurs un peu plus petites, non-seulement d'après la figure de Vaillant, mais encore d'après des échantillons de Besser que M. Nestler m'a communiqués. C'est à tort que Reichenbach le rapporte au *P. alpestris* (1).

(1) M. Besser regarde comme le *P. vulgaris*, la var. suivante, *P. comosa* de Schkuhr : « *In P. vulgari*, dit-il, *bractea inferior* « *ante anthesin florem superat;* » et dans la phrase spécifique du *P. Vaillantii*, on lit : « *bracteâ inferiore pedunculum subæquante,*» Voyez Bess. enum. 73.

β. *comosa. Bracteis ante anthesin flore longioribus. P. comosa* SCHK. REICH. l. c. p. 27 et 91. *P. vulgaris.* BESS. en. *P. vulgaris* η *comosa* STEUD. nom.—*Icon.* REICH. T. 26. f. 54 à 56. — Cette plante, dont j'ai distingué un échantillon parmi mes *P. vulgaris* recueillis à Nancy, ne m'en paraît, comme à STEUDEL, qu'une variété.

γ. *amara. Foliis caulinis minoribus subobtusiusculis, imis latis subrotundis, bracteis subpersistentibus. P. amara* LINN. sp. II. 987. JACQ. vind. 262. DE C. fl. fr. MER. fl. par. *P. amarella* CRANTZ l. c. *P. amara, amarella* et *amblyptera* REICH. l. c. p. 24, 26 et 91.—*Icon.* VAILL. T. 32. f. 2. REICH. T. 22. f. 42 à 44. T. 24. f. 50 et 51.—M. REICHENBACH sépare l'*amarella* de CRANTZ de l'*amara* de LINNÉ, tout en convenant que celui-ci est peu distinct: la figure présente quelque différence dans la forme de la capsule, et la fleur est plus petite; mais il ne faut pas prétendre mieux connaître une plante que son inventeur, et puisque LINNÉ a reconnu la sienne dans la figure de VAILLANT (qui est trop frappante pour qu'on puisse s'y méprendre), M. REICHENBACH n'aurait pas dû, ce me semble, appliquer cette figure à son *P. amblyptera*, qui ne diffère de l'*amara* que par ses bractées caduques, et qui me parait lier ce dernier au *P. vulgaris* (1).

δ. *cæspitosa. Caulibus (ramosis) late cæspitosis procumbentibus, racemis foliosis, foliis radicalibus parvulis, summis flores superantibus. P. vulgaris* η *cæspitosa.* PERS. ench. II. 271.— Dans cette variété remarquable, il part de la racine de longues tiges couchées et feuillées, qui émettent en différens points une, deux ou plusieurs tiges fleuries: la grappe est

---

(1) M. DIERBACH, dans sa dissertation sur le *P. amara* (Mag. der Pharm. sept. 1814. p. 205), ne pense pas qu'il habite l'Allemagne; il le croit propre au nord de l'Europe. Cependant, il regarde comme bonne la description de JACQUIN citée par LINNÉ. Or, la plante de JACQUIN croit à Vienne; elle est la même que la nôtre, comme je l'ai déjà dit.

composée de très-peu de fleurs; elle est quelquefois entre-mêlée de feuilles, et souvent placée dans la dichotomie de deux branches tantôt fleuries, tantôt stériles. Cette variété paraît se plaire dans les lieux humides et ombragés. Je l'ai cueillie dans les Pyrénées, et M. Mougeot me l'a envoyée des Vosges. Je l'ai aussi reçue de Hambourg.

J'ai cueilli aux bords du golfe de Gascogne, entre Biaritz et Bidard (Basses-Pyrénées), un *Polygala* qui a beaucoup de rapports avec cette variété; mais qui en a davantage avec le *P. oxyptera*, que j'ai de Marseille, et qui paraît différer du *vulgaris*. La plante des Basses-Pyrénées est sans doute le *P. vulgaris β littoralis*, signalé par Fries dans ses excursions botaniques en Suède (voyez Bullet. des Sc. nat. IX. p. 184), et qu'il dit passer au *P. oxyptera*, dont il ne fait non plus qu'une variété du *vulgaris*. Dans le *cæspitosa*, les ailes dépassent beaucoup plus la capsule que dans le *littoralis* et dans l'*oxyptera*. La corolle est aussi plus longue que les ailes dans les deux derniers, de sorte que j'ai joint provisoirement la plante des Basses-Pyrénées à celle de Marseille. Mais je ne nie point que le *cæspitosa* ne tende à réunir l'*oxyptera* au *vulgaris*; et M. Reichenbach a senti l'analogie du premier avec le second, puisque c'est de l'*oxyptera* et non du *vulgaris* qu'il rapproche le *cæspitosa* de Persoon (Voy. Reich. l. c. p. 25).

2. *P. (austriaca) caulibus erectiusculis ramosis, foliis subspathulatis, alis calycinis ellipticis capsulam latiorem æquantibus. P. amara* DE C. Prodr. I. 325.— *Variat floribus albis vel cæruleis.*

α. *Crantzii. Foliis caulinis spathulatis. P. austriaca* Crantz austr. fasc. V. p. 439. Mer. fl. par. Reich. l. c. p. 23. *P. amara α austriaca* DE C. Prodr. I. 325.— *Icon.* Crantz l. c. T. 2. f. 4. Reich. T. 31. f. 39.— Les tiges de cette variété sont très-diffuses. Je l'ai d'une des îles du Rhin. Quelques variations de la suivante se lient à celle-ci.

β. *Reichenbachii. Foliis caulinis ellipticis vel lanceolatis.*
P. uliginosa et *alpestris* Reich. l. c. p. 23, 25 et 91. *P. Rei-*
chenbachii. Dierb. mag. d. ph. *P. amara* β *alpestris*, δ *al-*
pina, γ? *decipiens* De C. prodr. I. 325. — *Icon.* Reich.
T. 21. f. 40 et 41. T. 23. f. 45.—Cette variété présente de
nombreuses modifications; mais elles sont unies par trop
d'intermédiaires pour pouvoir être signalées comme variétés
distinctes, encore moins comme espèces. Le *P. uliginosa*
Reich. (non Pers.) ne diffère de l'*alpestris*, selon Reichenbach lui-même, qu'en ce que le premier a les feuilles du
bas plus larges que les caulinaires, et que le second les a
plus petites. M. Nestler m'a envoyé l'*uliginosa* de Strasbourg et M. Thomas l'*alpestris* de Bex; mais je remarque que
ce dernier échantillon, quoique cité par Reichenbach comme
type de son *P. alpestris*, a quelques feuilles inférieures deux
fois plus larges que les caulinaires, et j'ai trouvé aux environs de Nancy, sur une de nos collines les plus sèches et
les plus élevées (1), un *P. austriaca*, qu'il serait dérisoire
d'appeler *uliginosa*, et qui cependant ressemble parfaitement à la figure de Reichenbach et à l'échantillon de Nestler.
La variation *alpina*, que j'ai rapportée des Pyrénées, ne
diffère des précédentes que par ses tiges très-courtes. Le *P.*
decipiens de Besser, dont j'ai vu un échantillon original dans
l'herbier de M. Nestler, ne me paraît pas différer essentiellement de notre var. β du *P. austriaca*.

———

XIV. Nous avons cueilli au-dessus de la Chambre d'a-
mour, entre Bayonne et St.-Jean-de-Luz, un *Frankenia* que
j'avais cru d'abord différent du *lævis*, parce que ses rameaux
sont pubescents, et qu'on aperçoit quelques poils entre les

(1) On trouve dans cette localité beaucoup de plantes alpestres :
les *Thesium alpinum, Centaurea montana, Lunaria rediviva, Rubus*
saxatilis, Cypripedium calceolus, etc. Reichenbach dit : «*Planta,*
« *etiam in montosis, humida amat.* » l. c. p. 91.

côtes de son calice; j'y avais réuni des échantillons semblables de Lorient et de Montpellier, et je les avais tous rapportés au *F. nothria* Thunb. in de C. Prodr. I. 349, qui
semble ne différer du *lœvis* que par le caractère cité. Mais, d'une
part, la description du *F. nothria* dans Willdenow et Sprengel; de l'autre, celle du *F. lœvis* dans la Flore britannique de
Smith, où on lit : « *caules.... subpubescentes* »; enfin, la comparaison de mes échantillons à rameaux pubescents avec d'autres de Cadix et de Montpellier, que j'ai reçus de MM. Dufour et Salzmann, et qui ont les rameaux glabres; tout cela
m'a convaincu que ces plantes appartiennent toutes à la même
espèce, qui est le *F. lœvis* Linn. Il faut donc modifier les descriptions des auteurs modernes qui disent la plante glabre.

XV. M. Bentham, dans son Catalogue des plantes des
Pyrénées, réunit au *Silene quinquevulnera*, non-seulement
le *S. cerastoïdes* de Linné, mais encore les *S. gallica, anglica* et *lusitanica* de Lapeyrouse et autres botanistes de
l'Ouest et du Midi de la France. Pour autoriser cette réunion,
il fait observer que le nombre et la forme des dents des pétales, la grandeur et l'intensité de couleur de la tache qu'ils
portent, sont extrêmement variables : « Dans un même champ,
« dit-il, j'ai souvent remarqué sur les pétales toutes les nuances
« de couleur, depuis le blanc jusqu'au pourpre foncé à peine
« bordé d'une couleur plus claire, et toutes les variétés de
« formes, entre le limbe ovale-entier et obcordé ou bifide (1). »

(1) C'est aussi l'opinion de M. Arnott, qui dit dans son voyage au
Midi de la France et aux Pyrénées : « *S. quinquevulnera and ce-
« rastoïdes were here so intermingled, that one feels astonished
« that they had ever been separated as species : the petals emargi-
« nate or entire, the pubescence, and the absence or presence of
« spots on the petals, were marks evidently set at nought by na-
« ture, etc.* » *Walker Arnott's Tour to the South of France and
the Pyrenees*, in 1825 (*edinb. new philos. journ. apr.—jun.* 1827.
p. 158).

(33)

Il ajoute n'avoir jamais vu que cette espèce dans les herbiers sous les noms de *S. gallica, anglica, lusitanica* et *cerastoïdes*, et il doute que les plantes que LINNÉ même avait ainsi nommées soient réellement distinctes du *S. quinquevulnera*.

La plante de ce groupe qui croît aux environs de Nancy me paraît être le *S. gallica*. C'est elle qui est dessinée par VAILLANT T. 16. f. 12 , et quoique LINNÉ cite cette figure pour les *S. gallica* et *anglica*, c'est bien le premier qu'a eu en vue l'auteur du *Botanicon parisiense*. Notre plante a les pétales situés dans une position oblique, caractère qu'on donne au *S. lusitanica;* ils sont tantôt entiers, tantôt dentés. Le calice est couvert de poils tantôt assez courts, tantôt tellement longs que la plante semble devoir être rapportée au *S. lusitanica*, dont les calices sont « *valdè pilosi* », selon LINNÉ. Aucun de nos échantillons n'a les fruits serrés contre la tige, suivant le caractère assigné au *S. gallica:* tous les ont plus ou moins divergens, quelquefois réfléchis.

Il me paraît que c'est la même plante que nous avons cueillie à Bordeaux, où MM. LATERRADE et DES MOULINS nous l'ont nommée *S. anglica* (1); que c'est encore la même que nous avons rencontrée à St.-Sever, et que M. L. DUFOUR, qui nous guidait dans notre herborisation, regarde comme le *S. lusitanica;* enfin, selon ce dernier botaniste, c'est la même plante qui a été signalée à St.-Sever sous le nom de *S. nocturna*, espèce qui n'y croît point.

Le *S. anglica* serait bien facile à distinguer si on adoptait le caractère indiqué par LINNÉ ; car on lit dans le *Species :* « *Calyces non pilosi, sed angulis muricatis, aculeis re-*

(1) Des échantillons de Bordeaux ayant été communiqués à un bon botaniste étranger, celui-ci répondit qu'il y distinguait les *S.* *anglica* et *gallica*, mais sans indiquer le caractère sur lequel il s'appuyait dans cette détermination. Ce caractère était sans doute la direction des fruits; or je me suis assuré qu'il peut induire en erreur.

« *flexis vix conspicuis.* » D'après cela, aucune des plantes que j'ai vues n'appartiendrait au *S. anglica* (1).

Le *S. cerastoïdes*, que M. Requien m'a donné de Narbonne, ne me paraît pas différer suffisamment des autres échantillons dont je viens de parler, et le caractère qu'on indique pour le distinguer (les pétales échancrés) n'est point assez certain pour constituer une espèce.

Quant au *S. quinquevulnera*, on le reconnaît à la tache des pétales ; mais si c'est là le seul caractère, on conviendra qu'il est bien peu sûr.

Le *S. nocturna* ne peut se confondre avec les plantes ci-dessus, à cause de ses pétales fortement bifides, et de ses fleurs beaucoup plus grandes. Je le possède de Montpellier et d'Avignon.

Toutes les espèces dont je viens de parler ont un caractère commun, outre le port qui est le même : leurs poils sont articulés, particularité dont mes auteurs ne parlent point. J'ai aussi remarqué le même caractère dans les *S. brachypetala* et *disticha*, qui en sont voisins ; peut-être s'étend-il à beaucoup de plantes de la division des *Stachymorpha* de de C. Prodr.

———————

XVI. Quoique nous n'ayons pas rencontré dans notre voyage le *Silene rubella* de la Flore française, il paraît fort commun

———————

(1) Link (en. I. 425) dit que le *S. anglica*, tel qu'il est décrit dans Linné, lui est tout-à-fait inconnu ; mais que les *S. gallica* et *anglica* du Jardin de Berlin, ainsi que les échantillons reçus d'Angleterre sous ce dernier nom, ne diffèrent pas du *S. lusitanica.* — Le *S. neglecta* Ten. (ad fl. neapol. prodr. app. V. 1826) paraît avoir de grands rapports avec notre espèce de France ; mais son calice n'est pas hispide. Ce caractère le rapprocherait du *S. anglica* de Linné ; cependant, il en diffère, selon M. Tenore : « *Foliis spathulatis non « lanceolatis, calycibus striatis non profundè sulcatis, floribus « secundis non alternis, pedunculis fructiferis minimè reflexis.* » On voit par ce diagnosis que nous n'avons pas chez nous le *S. anglica* comme l'entend M. Tenore.

dans les moissons du midi de la France, où les paysans le
désignent sous le nom de *May dou lin* (Mari du lin); nous
l'avons reçu de L. Dufour, qui lui avait donné le nom de
S. linophila. Il ne diffère du *S. cretica* que parce que ses
pétales sont égaux aux dents du calice, tandis qu'ils sont deux
fois plus longs dans le *S. cretica*. M. de Candolle soupçonne
que ce n'est qu'une variété du dernier; nous avons la preuve
que ce n'en est même qu'une variation, car nous avons reçu
du Jardin du Roi, et cultivé des graines du *S. cretica* qui,
en 1825, avaient les pétales courts comme le *rubella*, et, en
1826 et 1827, longs comme le *cretica*. C'est la connaissance
de ce phénomène qui a engagé sans doute M. Seringe à supprimer dans le Prodrome le *S. rubella* de la Flore française
(1); probablement il le réunit au *cretica :* mais pourquoi n'en
fait-il aucune mention, et pourquoi n'indique-t-il pas pour le
cretica d'autre localité que la Crète? Car il est commun en
France avec ses courts pétales, et je le possède à longs pétales de Toulouse et de Corse; il est aussi signalé en Italie.

Le *S. inaperta* est voisin, mais facile à distinguer. Je l'ai
de Perpignan et de Corse, d'où on me l'a envoyé sous le nom
de *S. linoïdes;* je le possède aussi d'Espagne. J'observe que
tous ces échantillons sont velus, ainsi que mes *S. cretica,*
quoique les descriptions les disent glabres.

XVII. On sait que M. Laterrade a découvert le *Lychnis
corsica* à Arès (Gironde); il y est très-commun. J'en ai des-
séché à Bordeaux de nombreux échantillons qui m'ont été
donnés par M.' des Moulins. M. Seringe (in de C. Prodr.)
demande si cette espèce diffère du *L. lœta :* étant chez M.
L. Dufour en juin 1826, nous avons comparé la plante

---

(1) Le *S. rubella* du Prodrome (I. 369, n.º 15) est une autre
plante, originaire d'Égypte, et fort bien dessinée dans la Descr. de
l'Égypte, T. 29, f. 3.

d'Arès et celle de Corse à un échantillon du *L. lœta* de Portugal, qui est dans son herbier, et ils nous ont paru appartenir à la même espèce (1). Si cette identité est bien reconnue, la dénomination de *L. corsica* devra être supprimée comme moins ancienne.

XVIII. Ce n'est point dans l'absence des pétales, ni dans la présence des poils qu'il faut chercher des caractères pour distinguer le *Sagina apetala* du *procumbens;* on risquerait de prendre pour la première espèce des individus de la seconde. Je distingue le *S. apetala* à son port plus droit, à sa fibre plus sèche, et surtout à ses pédoncules très-longs (*pedunculi elongati.* Smith, Fl. brit.), fins comme des cheveux, roides et ne portant jamais de fleurs penchées comme dans le *procumbens.* La figure de P. Arduin (Spec. alt. T. 8. f. 1.) est assez bonne ; mais, ainsi qu'il l'observe lui-même (p. xxij), le graveur l'a représentée trop épaisse et trop velue. On trouve cette plante à Nancy, parmi les moissons; nous l'avons aussi rapportée de Dax.

Nous avons trouvé à Dax une autre plante qui lui ressemble beaucoup ; elle est seulement un peu plus nourrie et a les divisions quinaires. Je l'avais prise d'abord pour une variété du *Sag. apetala ;* mais un examen plus attentif m'a démontré qu'elle a 10 étamines ; que c'est par conséquent un *Spergula:* enfin je l'ai reconnue pour le *Sp. subulata* d'une taille supérieure à celle que prend ordinairement cette espèce. Je demande maintenant s'il est raisonnable de séparer génériquement les *Sagina* des *Spergula*, lorsque le *Sp. subulata* diffère à peine spécifiquement du *Sag. apetala ;* car on sait que l'un et l'autre genre peuvent avoir cinq étamines, et le nombre de ces organes est pourtant le seul caractère important qui les distingue ; ce dont on se convaincra en comparant leurs carac-

(1) Il en a été de même des échantillons du *L. lœta* de Tanger, envoyés par Salzmann à M. Monnier.

tères génériques dans le Prodrome de DE CANDOLLE ou le *Botanicon* de M. DUBY, après avoir toutefois rectifié la faute
qui s'y est glissée pour le genre *Spergula*, dont la capsule
est à 5 et non à 6 valves (1).

———

XIX. VAILLANT, dans son *Botanicon parisiense* (T. 2.
f. 3), a dessiné sous le nom d'*Alsine saxatilis et multiflora,
capillaceo folio*, une plante que LINNÉ rapporte à son *Arenaria saxatilis*, qui semble lui devoir son nom. Ce synonyme,
avec quelques autres appartenant à la même espèce, a été
transporté par SMITH (brit. II. 482) à l'*A. verna*, établi par
LINNÉ dans son *Mantissa*, et qui selon lui diffère par son calice
aigu de l'*A. saxatilis*, que personne ne connaît bien si ce
n'est le possesseur de l'herbier de LINNÉ (2). Enfin, la même
figure est citée par MÉRAT (N.ʰᵉ Fl. de Paris, II. 339) pour
l'*A. setacea* de THUILLIER, et avec raison, car le *verna* ne
croît pas aux environs de Paris. C'est donc à tort que cette
figure est encore appliquée à l'*A. verna* dans le Prodrome
de DE CANDOLLE. M. BENTHAM (Cat. des pl. des Pyrénées,
p. 61), trompé sans doute par cette confusion, cite l'*A.
setacea* THUILL. comme synonyme de l'*A. verna;* mais le
premier diffère au premier coup–d'œil du second, par son
calice beaucoup plus aigu, très–blanc et membraneux sur les
bords, et non strié, non plus que les feuilles. Cet *A. setacea* ressemble beaucoup plus à l'*A. mucronata* de DE C., et
a été souvent confondu avec lui; on l'en distinguera néan–
moins par ses pétales plus longs que le calice, et non plus
courts comme dans le *mucronata*, par les sépales moins ai–

(1) Voyez au reste ce que dit M. GAY, annal. des Sc. nat. III. p. 40.

(2) Il serait à souhaiter que le possesseur de cet herbier précieux,
qui, d'après les nouvelles que je viens de recevoir de Londres, sera
probablement M. DONN, en publiât une bonne description, afin de
détruire les incertitudes qui existent encore sur beaucoup de ses
plantes

gus, par les feuilles ciliées à leur base, et surtout par les graines dont les bords ne sont que légèrement crénelés , tandis qu'ils sont dentés dans le *mucronata*.

Examinons plus particulièrement les *A. verna* et *mucronata*.

L'*A. verna* offre un grand nombre de variétés : outre celles déjà citées dans le Prodrome de DE CANDOLLE, j'en signalerai deux autres.

L'*A. v. ramosissima* nob. est remarquable par ses tiges nombreuses, longues, d'abord couchées et qui se redressent ensuite par une succession d'angles obtus. Est—ce l'*A. ramosissima* WILLD. (LINK en. I. 431. SER. in DE C. Prodr. I. 405)? Quoiqu'il en soit, je crois qu'il est difficile de faire de cette plante autre chose qu'une variété de l'*A. verna*, car elle a les graines absolument semblables. Il est vrai que les calices sont souvent moins striés , comme le veut LINK pour l'*A. ramosissima*, et les feuilles plus longues; mais c'est une conséquence naturelle de l'alongement de la plante. J'ai trouvé cette variété au Port de Bénasque, et M. MONNIER à Cauterets. M. DE MIRIBEL me l'a envoyée du Dauphiné, mêlée avec le type de l'*A. verna*.

L'*A. v. parviflora* nob., qui a aussi les graines du *verna*, en diffère, non plus par son port, mais par la petitesse de ses fleurs et par le grand nombre de poils glanduleux qui le couvrent et qui le rendent visqueux; mais les poils glanduleux paraissent propres à l'*A. verna*, et leur abondance a bien pu influer sur la grandeur de la fleur (1). M. MONNIER l'a cueilli au Pic du midi de Bagnères.

Nous avons aussi rapporté du Port de la Picade (Haute-Garonne), deux seuls échantillons d'une plante qui a beaucoup de rapports avec l'*A. verna*, mais dont les feuilles sont plus longues et plus ouvertes, au lieu d'être serrées contre la

(1) De même que l'*A. v. cœspitosa*, qui est presque glabre, a la fleur plus grande que le type.

tige ; elle est visqueuse , caractère qui n'est pas spécifique dans les *Arenaria*. Je n'ai pu voir la graine (1).

L'*A. Gerardi* ne diffère pas spécifiquement de l'*A. verna*, ainsi que le prouve le passage suivant d'une lettre que m'a adressée M. DE MIRIBEL : « VILLARS avait donné, avec doute, « à son *A. verna* le synonyme de GÉRARD ; plus tard, GÉ- « RARD lui envoya sa plante, et j'ai vu dans l'herbier de « VILLARS la lettre d'envoi et l'échantillon, qui est tout à fait « semblable à ceux de l'*A. verna* VILL. L'*A. Gerardi* est « donc une espèce à supprimer. » Au reste, VILLARS avait déjà imprimé ce jugement dans son Catalogue du jardin de Strasbourg, page 297. Effectivement, en examinant la figure de GÉRARD, elle ne semble différer du *verna* que par l'in—florescence, c'est-à-dire parce que les deux fleurs latérales avortent presque, ou que leurs pédoncules n'atteignent pas la longueur de celui de la fleur du centre ; mais ce n'est pas un caractère spécifique, car j'ai vu dans les Pyrénées l'*A. grandiflora* prendre aussi cette inflorescence. WILLDENOW (Sp. pl. II. 729), qui est l'inventeur de l'*A. Gerardi*, le

(1) M. SERINGE, dans le Prodrome, ne cite pas l'*A. striata* d'AL—LIONI (Pedem. T. 26. f. 4) ; cette plante, qui n'est ni le *striata* de LINNÉ, ni celui de VILLARS (*), ressemble beaucoup à l'*A. verna*. Je pense que c'est la variété désignée par SERINGE sous le nom d'*A. v. minor*. Cependant, si la plante que M. MONNIER a rapportée du mont Buet en Savoie est bien, comme je le pense, celle d'ALLIONI, la corolle dépasse plus le calice qu'elle n'a coutume de le faire dans l'*A. verna*. Il ne faut pas, comme WILLDENOW et STEUDEL, confondre la plante d'ALLIONI avec l'*A. laricifolia* de VILLARS (qui n'est pas celui de LINNÉ ; voyez ci-après l'*A. mucronata*) ; comment WILLDE—NOW a-t-il pu citer pour la même espèce deux figures aussi différentes que : ALLIONI. Ped. T. 26. f. 4, et VILLARS, Dauph. T. 47. *A. lari—cifolia?* (Voyez WILLD. sp. pl. II. 727).

(*) Selon les notes de l'herbier de VILLARS, son *A. laricifolia* (*A. laricifolia* α *multiflora* SER. in DE C. prod.) est l'*A. striata* de LINNÉ, et son *A. striata* (*A. laricifolia* β *striata* SER. l. c.) est bien l'*A. liniflora* de LINNÉ.

compare plutôt au *grandiflora* qu'au *verna*, ce qui ferait croire qu'il avait en vue la variété de cette première espèce dont je viens de parler (*A. grandiflora* β *subuniflora* de mon herbier), d'autant plus qu'on lit dans la phrase spécifique : « *Folia lineari-subulata* », tandis qu'elles sont *lineari-setacea*, comme le dit GÉRARD.

L'*A. mucronata* DE C. (*A. saxatilis* VILL.! *A. fasciculata* β *rostrata* PERS. *A mutabilis* LAP.) est le véritable *A. laricifolia* de LINNÉ, selon les notes de l'herbier de VILLARS. Voici ce que m'écrivait dernièrement M. DE MIRBEL à ce sujet : « Plusieurs années après la publication de la Flore du Dau-« phiné, VILLARS fit connaissance avec SMITH ; il lui envoya « par M. WIBORG, botaniste danois, ses *Arenaria* et ses saules, « pour les comparer à ceux de l'herbier de LINNÉ. J'ai vu « les lettres de renseignemens de SMITH, d'après lesquelles « VILLARS rectifia sa synonymie, telle que je l'ai portée sur « les étiquettes des plantes que je vous envoie. (1) » Je regarde l'*A. mucronata* comme n'étant qu'une variété du *fasciculata*, ainsi que le veut PERSOON et que le soupçonne SERINGE (2).

XX. Il n'est pas juste de dire, comme ROTH et SÉRINGE, que les feuilles sont toujours plus courtes que les entre-nœuds dans l'*Arenaria rubra*. Le premier auteur les a cependant indiquées de la longueur des entre-nœuds dans la variété *ma-*

(1) VILLARS, comme il le déclare dans son Catalogue du Jardin de Strasbourg, p. 297, avait en outre comparé ses *Arenaria* avec ceux de GOUAN, GÉRARD, ALLIONI, BELLARDI, BALBIS, SCHLEICHER, THOMAS, et comptait publier une monographie de ce genre nombreux et difficile ; mais il en a été empêché par sa dernière maladie.

(2) Le *Buffonia annua* est une plante tellement voisine de l'*A. fasciculata* par sa végétation, qu'il serait facile de les confondre si on n'examinait la capsule. Le *Buffonia* paraît être un *Arenaria* dont la capsule est devenue comprimée par l'avortement d'une valve.

rina, ce que n'a pas fait le second. La vérité est que les échantillons de la var. α *campestris*, qu'on trouve à Nancy, et ceux de la var. β *marina*, qui croissent à Dieuze et dans tous nos marais salans, ont presque tous les feuilles au moins de la longueur des entre-nœuds.

Nous avons cueilli à Marseille un *Arenaria* que je ne puis rapporter qu'au *rubra*, car ses capsules ne surpassent pas assez le calice pour le regarder comme l'*A. salina*. Cependant, ses feuilles ont plus de deux fois la longueur des entre-nœuds. La plante est velue comme la var. α.

XXI. On peut dire, sans craindre de se tromper, que, dans les trois-quarts des herbiers de France, les *Cerastium vulgatum* et *viscosum* sont pris l'un pour l'autre. Cependant, LAMARCK en 1778, dans sa Flore française, et M. DE ST.-AMANS en 1821, dans sa Flore Agenaise, ont déjà relevé cette erreur; mais comme elle se retrouve dans les ouvrages de DE CANDOLLE, qui tiennent avec raison le premier rang parmi ceux consacrés à l'étude de la botanique, et qu'elle a été répétée par MM. DUBY, dans son *Botanicon gallicum*, et LOISELEUR, dans la 2.ᵉ édition du *Flora gallica*, je crois devoir l'attaquer de nouveau, d'autant plus que je le ferai avec plus de détails, et que j'y joindrai des observations qui me sont propres.

Il existe dans le *Botanicon parisiense* de VAILLANT, T. 30, trois fort bonnes figures de *Cerastium* de la division à courts pétales; mais, par une étourderie à laquelle Herman BOERHAAVE, éditeur de cet ouvrage, n'a pas fait attention, l'explication de la planche applique la phrase de VAILLANT *Myosotis hirsuta altera viscosa* à la fig. 1, tandis que cette dénomination regarde la fig. 3; et la phrase *M. arvensis hirsuta parvo flore* à la fig. 3, au lieu de la fig. 1. On reconnaîtra la vérité de cette assertion en comparant les figures au texte, et en considérant 1.° que la fig. 1 ne représente qu'un fragment dont le bas de la tige est coupé, parce que, dans cette espèce, la racine, qui est vivace, émet un grand nombre de tiges (1) : les deux autres sont annuelles; 2.° que Vaillant ne donne qu'une ligne de longueur aux pédoncules axillaires de son *M. hirs. alt. visc.*, ce qui ne peut convenir évidemment qu'à la fig. 3; 3.° enfin, que si la fleur représentée séparément dans la fig. 3 paraît plus petite que celle de la fig. 1, ce n'est pas une raison pour appliquer à cette fig. 3 la phrase *M. arv. hirs. parv. flor.*, puisque la description qui suit cette phrase donne à la fleur 4 à 5 lignes de diamètre, tandis que, de l'aveu de Vaillant, elle n'a que 3 lignes dans le *M. hirs. alt. visc.* Linné, dans son *Species*, cite les 3 figures : la 2.ᵉ s'applique sans difficulté au *C. semidecandrum* (*M. arvensis hirsuta minor* Vaill.); mais, ce qui prouve que Linné avait reconnu l'erreur dont il est question, c'est qu'il renvoie pour son *C. vulgatum* au *M. arv. hirs. parv. flor.* Vaill. T. 3o. f. 1., quoique, selon l'explication de la planche, cette phrase soit celle de la fig. 3 ; et pour son *C. viscosum*, on lit : *M. hirs. alt. visc.* Vaill. T. 3o. f. 1. 3. Ces deux derniers chiffres indiquent sans doute que la fig. 1 devrait porter le chiffre 3. Je citerai des preuves plus convaincantes : 1.° le signe ⊙ ajouté par Linné au *C. viscosum*, et qui ne peut s'appliquer à l'autre espèce, que Vaillant déclare vivace (2);

(1) M. Mérat (N.ᵉˡˡᵉ Flore de Paris, II. 337) dit qu'il ne cite pas Vaillant, parce que la figure 1 ne représente pas les tiges diffuses de cette plante qui est vivace; que cette figure paraît annuelle, etc. M. Mérat n'a pas remarqué que Vaillant n'a voulu représenter qu'un rameau, et que la figure indique fort bien qu'il a été coupé. Ce rameau porte quelques radicules, mais la racine n'y est pas; comment M. Mérat a-t-il pu en juger? Au reste, il n'a pas fait la faute de Smith : ses *C. viscosum* et *vulgatum* sont bien ceux de Linné.

(2) Elle n'est que bisannuelle selon Reichenbach, qui l'appelle *C. triviale* Icon. bot. cent. 3. p. 44). Linné avait aussi mis le signe ⊙ au *C. vulgatum* dans sa Flore de Suède; il l'en a retiré dans son *Species* (ed. 2.ᵉ).

2.° la phrase que Linné a ajoutée à son *C. vulgatum* : « Si-
« mile *C. viscoso, sed denso cæspite crescens* », ce qui indique une plante vivace, et non une plante annuelle comme
la fig. 3 ; 3.° l'épithète *viscosum*, que Linné n'aurait pas donnée
au *vulgatum*, qui n'est jamais visqueux. Hudson, Withering,
Curtis, Pollich, Lamarck, Persoon, Gmélin, Mérat, St.-
Amans, ne s'y sont pas trompés. Je ne chercherai pas à expliquer comment Smith, possesseur de l'herbier de Linné, qu'il
cite même à cette occasion, a pu commettre la faute qui a
sans doute entraîné nos auteurs français, à moins que de l'at-
tribuer à une confusion qui aurait eu lieu entre les échantillons : tout ce que je puis dire, c'est que l'erreur que je signale existe dans le *Flora britannica* ; que le *C. vulgatum*
de Smith est le *viscosum* de Linné, et *vice versâ* ; et qu'il
en est de même de ceux de de Candolle (Fl. fr. et Prodr.),
d'Hegetschweiler (Reisen (1)), de Duby (Bot. gall.), de
Balbis (Fl. lyon.), de Loiseleur (Fl. gall.), etc. (2).

Outre les trois espèces dont nous venons de parler, deux
autres à courts pétales croissent encore aux environs de Nancy :

(1) *Reisen in den Gebirgsstock zwischen Glarus und Graubün-
den, in den Jahren* 1819, 1820 *und* 1822, *von Joh.* Hegetschweiler.
Zurich. 1825. in-8.° de 93 p. fig. — Ce voyage est terminé par la
description de 5 *Aretia*, 12 *Phyteuma*, 5 *Cerastium*, 10 *Potentilla*, 1 *Verbascum*, 4 *Aconitum*, 1 *Delphinium*, 2 *Saxifraga*,
6 *Apargia*, 13 *Hieracium*.

(2) Depuis que j'ai écrit cet article, le Bulletin des Sciences naturelles d'octobre dernier a fait mention d'une Notice sur les *C. vulgatum, viscosum* et *semidecandrum*, publiée dans le Cahier de janvier 1828 du *Linnæa*, par M. Ch. Bouché. Je me suis procuré ce
cahier. L'auteur y relève les mêmes erreurs que je viens de signaler.
Il donne un nouveau caractère pour distinguer le *semidecandrum* du
vulgatum : c'est que dans le premier, la nervure médiane des sépales
n'atteint que les deux tiers de leur longueur, tandis qu'elle va presque jusqu'au sommet dans le second, ainsi que dans le *viscosum*. Outre que ce caractère est peu prononcé, il ne me paraît pas constant :
car j'ai vu la plupart des sépales du *semidecandrum* traversés d'un
bout à l'autre par la nervure.

les *C. brachypetalum* et *pellucidum*. Le premier est une bonne espèce; il n'est pas rare, et, quoiqu'en disent les auteurs, il devient un peu visqueux lorsqu'il avance en âge, ainsi que je l'ai remarqué sur des échantillons cueillis par M. Hussenot. Le second ne me paraît qu'une variété du *C. semidecandrum*, dont les feuilles supérieures sont presque toujours plus ou moins membraneuses sur leurs bords.

M. Reichenbach, dans les centuries 2 et 3 de son excellente *Iconographia botanica*, a travaillé ces *Cerastium* avec beaucoup de soin ; cependant sa synonymie n'est pas toujours exacte. J'ai indiqué ci-après les rectifications à y faire. Je dois ajouter que la plante qu'il donne pour le *C. semidecandrum* de Linné, ne peut être cette espèce. La capsule, dans sa figure (cent. 2. p. 75. T. 181. f. 316. c.), ne dépasse pas le calice; et comme Linné cite Vaillant, qui représente la capsule plus longue que le calice, je suis fondé à croire que son *C. semidecandrum* est bien la plante connue sous ce nom par les auteurs français, et prise par M. Reichenbach pour le *C. viscosum* Linn.

M. Bentham qui, dans son Catalogue, a voulu rectifier les erreurs des botanistes français et anglais sur le genre *Cerastium*, me parait avoir répandu plus de confusion encore dans la section à courts pétales. 1.º Son *C. vulgatum* est bien celui de De Candolle, mais c'est le *C. viscosum* de Linné; 2.º son *C. viscosum* est le *vulgatum* de Linné; il y joint comme variétés les *C. semidecandrum* (Seringe et non Linné, selon lui) et *alsinoïdes* (qu'il a peut-être raison de regarder comme le même que le *pellucidum*), sans faire attention qu'ils sont annuels, tandis que le type est vivace; 3.º son *C. semidecandrum* Linn.? a, dit-il, des carpelles à peine plus longs que le calice : est-ce le même que celui de Reichenbach? il lui donne pour synonyme le *C. brachypetalum* Pers.

Voici le tableau analytique de nos quatre espèces et leur synonymie :

1 { Pédoncules plus courts que les feuilles (plante ordinairement visqueuse)......... *C. viscosum.*
   Pédoncules plus longs que les feuilles......... 2

2 { Pétales de plus de moitié plus courts que le calice
   (plante couverte de longs poils) *C. brachypetalum.*
   Pétales de la longueur du calice, ou à-peu-près.. 3

3 { Racine vivace, plante non visqueuse *C. vulgatum.*
   Racine annuelle, plante visqueuse *C. semidecandrum.*

1. *C.* (*viscosum* Linn.). *Myosotis hirsuta altera viscosa*
Vaill. paris. 142. T. 30. f. 3 (et non 1). *C. viscosum* Linn.
suec. (ed. 2.) 158 n.° 414. sp. pl. 627. Vill. dauph. III. p.
642. Willd. sp. pl. II. p. 812. Gmel. bad. II. p. 295. Mér.
paris. II. p. 338 (excl. sign. ♃). St.-Am. agen. p. 180. *C.
obtusifolium* α Lam. fl. fr. III. p. 58. *C. vulgatum* β Lam.
dict. I. p. 679. *C. vulgatum* Smith. brit. II. p. 496. de C.
fl. fr. IV. p. 775. Laplyr. abr. p. 263. de C. prodr. I. p. 415.
Hegetsch. reis. p. 153. Benth. cat. p. 69. Balb. lyon. I.
p. 124. Dub. bot. I. p. 88. Lois. gall. ed. 2. I. p. 323.
C. ovale β Pers. ench. I. p. 521. *C. barbulatum* Link enum.
I. p. 433. *C. rotundifolium* Reich. ic. bot. cent. 3. p. 34.
T. 234. f. 387.

β. *glomeratum. C. glomeratum* Thuil. Mér. l. c. p. 337.
C. vulgatum β de C. fl. fr. l. c. prodr. l. c. p. 416. Benth.
l. c. Dub. l. c. Lois. l. c. *C. ovale* α Pers. l. c. *C. viscosum*
β St.-Am. l. c. *C. vulgatum* Link. l. c. Reich. l. c. p. 33.
T. 233. f. 385. 386 (excl. syn. ferè omnib.)—M. Mérat
dit le *C. glomeratum* voisin du *brachypetalum;* mais cette
plante paraît n'être qu'un *viscosum* non visqueux, et dont
les pédoncules ne sont pas développés.

2. *C.* (*brachypetalum* Pers.). *C. viscosum* Poll. palat. I.
p. 448 (ex descript. et teste cel. Koch.—excl. syn.). *C.
brachypetalum* Pers. l. c. p. 520. de C. fl. fr. p. 777. Mér.
l. c. St.-Am. l. c. p. 181 (excl. syn. Linn.). de C. prodr.
l. c. Reich. l. c. p. 35. T. 234. f. 388. Dub. l. c. p. 87.

Lois. l. c. p. 322. *C. viscosum c* Hegetsch. l. c. p. 153. *C. semidecandrum* Benth. l. c.

β. *strigosum. C. strigosum* Fries. Reich. l. c. p. 27. T. 230. f. 381. 382. Spreng. syst. II. p. 419.—Dans cette variété, les dichotomies sont beaucoup moins développées que dans le type. L'un et l'autre croissent à Nancy.

3. *C.* (*vulgatum* Linn.) *Myosotis arvensis hirsuta parvo flore* Vaill. l. c. T. 30. f. 1. (et non 3). *C. vulgatum* Linn. suec. l. c. n.º 415. sp. pl. l. c. Poll. l. c. p. 447. Lam. fl. fr. l. c. p. 57. Vill. l. c. Willd. l. c. p. 811. Pers. l. c. Gmel. l. c. p. 294. Mér. l. c. St.-Am. l. c. p. 179 (excl. sign. ⊙). *C. vulgatum α.* Lam. dict. l. c. *C. viscosum* Smith. l. c. p. 497. de C. fl. fr. l. c. p. 776. Lapeyr. l. c. de C. prodr. l. c. Hegetsch. l. c. p. 152. Balb. l. c. Dub. l. c. Lois. l. c. p. 323. *C. triviale* Link. l. c. Reich. l. c. p. 44. T. 245. f. 402. 403. (excl. phras. Vaill. et syn. Linn.). *C. viscosum α* Benth. l. c. (excl. syn. St.-Am.).

4. *C.* (*semidecandrum* Linn.). *Myosotis arvensis hirsuta minor* Vaill. l. c. T. 30. f. 2. *C. semidecandrum* Linn. suec. l. c. n.º 416. sp. pl. l. c. Poll. l. c. p. 449. Vill. l. c. Willd. l. c. p. 812? Smith. l. c. p. 497. Pers. l. c. p. 521. de C. fl. fr. l. c. p. 777. Gmel. l. c. p. 296. Lapeyr. l. c. p. 264. Mér. l. c. p. 338. de C. prodr. l. c. Balb. l. c. p. 125. Dub. l. c. Lois. l. c. p. 323. *C. obtusifolium β* Lam. fl. fr. l. c. p. 58. *C. vulgatum γ.* Lam. dict. l. c. *C. obscurum* St.-Am. l. c. *C. viscidum* Link. l. c. *C. viscosum* Reich. l. c. p. 42. T. 244. f. 400. 401. (excl. syn. omnib. ?). *C. vulgatum b.* Hegetsch. l. c. p. 154. *C. viscosum γ.* Benth. l. c.

β. *pellucidum. C. viscosum* Pers. l. c. p. 521? *C. pellucidum.* St.-Am. l. c. p. 181. de C. prodr. l. c. Lois. l. c. *C. viscosum δ* Benth. l. c. ? *C. semidecandrum γ* Dub. . c. — Quoique le *C. pellucidum* semble d'abord différent du *semidecandrum*, on trouve des intermédiaires qui tendent les réunir.

———

XXII. M. Bentham a mieux traité les *Cerastium* a pétales
plus longs que le calice, qu'il n'a fait les précédens. Je n'ai
que quelques observations à faire sur son travail.

Son *C. alpinum* est celui de Smith, qui réunit sous la
même espèce les *C. alpinum* et *lanatum* Lam. (1). Effectivement, je ne vois guères de différences entre eux que les
longs poils qui caractérisent le dernier. Ces poils sont articulés,
comme le dit Smith, et on en voit quelques-uns de même
nature sur l'*alpinum*, qui, cependant, est souvent presque
glabre. M. Bentham cite, comme synonyme du *C. lanatum*,
le *C. atratum* de Lapeyrouse; il veut sans doute parler du
lanatum des Pyrénées, qui, ainsi que l'a fort bien remarqué
de Candolle, est toujours visqueux, et dont la viscosité est
quelquefois d'une couleur très-foncée. Ce caractère a engagé
M. Ramond, dans l'ouvrage qu'il préparait sur la Flore du
Pic du Midi, à en faire une espèce distincte sous le nom de
C. squalidum (voy. Ann. de la Soc. Linn. de Paris, T. 6 (sept.
1827) p. 433). Quant à l'*atratum* de Lapeyrouse, comme
cet auteur lui donne des pétales qui ne dépassent pas la longueur du calice, il a dû avoir en vue une toute autre espèce.

Le *C. arvense* a été souvent confondu avec l'*alpinum*,
surtout la variété qui croît sur les hautes montagnes. Il existe
cependant pour les distinguer un caractère facile à saisir, dans
la grandeur proportionnelle des enveloppes de la fleur : la
corolle est à peu près de même grandeur dans l'un et dans
l'autre; mais le calice de l'*alpinum* est bien plus long que
celui de l'*arvense*. C'est ce que Smith (brit. II. 449 et
500) exprime en disant du premier : « *petalis calyce sesqui-*

---

(1) « *Folia elliptica, obtusiuscula, latitudine varia: in aquo-*
« *sis videtur glabra; in apricis verò pilis longis, mollibus. arti-*
« *culatis, adscendentibus obsita.* » Smith. brit. II. 500.—Le *C. la-*
natum, qu'il soit espèce ou variété, ne perd pas ses longs poils par
la culture. selon Lamarck. Il a été envoyé plusieurs fois au Jardin
de Paris sous le nom de *C. alpinum*. Voy. Dict. encycl. I. 680.

« *longioribus* », et du second « *duplò-longioribus* ». Le *C. alpinum* de DE CANDOLLE fl. fr. n'est donc que la variété *alpinum* du *C. arvense* (1). MM SERINGE (in DE C. prodr.) et BENTHAM (l. c.) ont donc tort de donner le même caractère aux deux espèces : « *petalis calyce subduplò-longioribus* ». On distingue aussi l'*alpinum* en ce qu'il n'a pas, comme l'*arvense*, les poils dirigés vers la terre (2).

Le *C. strictum*, dont M. BENTHAM ne fait qu'une variété de l'*arvense*, en est plutôt distinct, en effet, par le port, que par des caractères solides. Je l'ai reçu plusieurs fois sous le nom de *C. alpinum*. Le botaniste écossais rétablit le *C. suffruticosum* comme espèce; on le reconnaît à ses feuilles linéaires, très-étroites et arquées, plutôt qu'aux faisceaux de feuilles axillaires, qui se rencontrent aussi dans le *strictum*, et surtout dans le *lineare* d'ALLIONI. Ce dernier n'est point glabre comme on le dit, et s'il n'est qu'une variété du *strictum*, elle est au moins très-remarquable.

XXIII. L'*Erodium cicutarium* se reconnaît facilement en ce que l'appendice qui termine les sépales est surmonté d'une, et quelquefois de deux ou trois soies souvent aussi longues que lui. La var. α *præcox* ne se distingue pas seulement à ses pédoncules radicaux, mais encore à sa fleur, dont les pétales sont du double de la longueur du calice. Je l'ai trouvée, au mois d'octobre, dans le département de l'Aude, sur les

(1) Il en est de même du *C. alpinum* d'HEGETSCHWEILER (Reis. p. 154); sa fig. 30, par laquelle il a voulu représenter cette plante, a même le calice plus court encore que dans le *C. arvense*. Il fait aussi du *C. lanatum* la var. β de l'*alpinum*.

(2) Le *C. arvense* a ordinairement les poils très-courts; mais quelquefois ils sont assez longs, comme je l'ai remarqué sur un échantillon de Nancy. Cet échantillon me fait présumer que le *C. hirsutum* FISCH. (*C. fischerianum* DE C. prodr.), que j'ai reçu du Jardin de Paris, n'est qu'une variété du *C. arvense*.

bords du Canal du midi ; elle était encore fleurie en partie ; chaque pédoncule portait deux fleurs, et on ne voyait l'apparence d'aucune tige. On rencontre à Nancy, en fleur au premier printemps, une variété de la même plante, dont les pédoncules paraissent radicaux, et qu'on rapporte quelquefois à la var. *præcox* ; mais, outre que ses pétales ne sont que de la longueur du calice, si on en suit la végétation, on voit qu'il se développe de courtes tiges, qui s'alongent quelquefois, mais qui restent couchées ; c'est l'*E. cicutarium β pimpinellæfolium* des auteurs. Comme cette variété croît dans le sable, la chaleur du terrain hâte le développement de la fleur, et la tige n'a souvent pas le temps de se former. Mais lorsque cet *Erodium* végète dans un sol moins chaud, et au milieu d'autres plantes, la tige s'alonge et s'élève, les feuilles se découpent davantage (les folioles sont quelquefois bipinnatifides), et tous ces caractères constituent l'*E. cicutarium γ chærophyllum*, qui croît aussi à Nancy. Ces deux variétés (ou pour mieux dire variations) et une troisième, l'*E. cicutarium δ pilosum*, que j'appellerais plutôt *daucifolium*, ont les fleurs beaucoup plus petites que la variété *præcox*. Ce n'est pas le seul exemple que présente la famille des Géraniées : nous avons vu à Bordeaux et à Tartas (Landes) la variété *β purpureum* du *Geranium Robertianum*, dont VILLARS avait fait une espèce, et qui ne diffère du type que par ses pétales qui ne dépassent pas le calice.

L'*E. moschatum* se distingue du précédent, en ce que les appendices du calice ne sont pas barbus. Les stipules sont aussi plus larges, et la plante est ordinairement fortement musquée. Nous l'avons cueilli à Tartas ; on le rencontre quelquefois spontané à Nancy, mais il est échappé des jardins.

L'*E. romanum*, d'après les descriptions, ne paraît différer de l'*E. cicutarium α præcox* que par ses corolles régulières, et, d'après la fig. de CAVANILLES, par ses pédoncules à plus de deux fleurs. Si l'échantillon que j'ai reçu de Lorient est bien déterminé, cet *Erodium* a plus de rapports avec le *mos-chatum*, parce que les appendices ne sont pas barbus. Il serait alors au *moschatum* ce que le *cicutarium præcox* est au *chœrophyllum*; malheureusement mon échantillon étant défleuri, je ne puis juger de la grandeur de la corolle.

———

XXIV. Sous le nom d'*Adenocarpus telonensis*, M. DE CANDOLLE a réuni deux plantes fort différentes, l'espèce de Provence et celle des Cévennes.

Nous avions cueilli abondamment à Dax l'*A. parvifolius*, et nous avions reçu des Cévennes l'*A. telonensis* DE C., lorsque, à notre passage à Toulon, M. ROBERT nous donna une plante qu'il nous nomma aussi *A. telonensis*. Nous la trouvâmes fort différente de celle des Cévennes, et nous la reconnûmes pour l'espèce décrite par M. LOISELEUR, sous le nom de *Cytisus telonensis*, dans la première édition du *Flora gallica*, p. 446 (1). Elle diffère de l'*A. parvifolius*, non-seulement par son port, mais encore par les bractées qui partagent son pédoncule, qui sont plus larges, plus courtes et moins caduques, et par son calice dont les deux lèvres sont à peu près d'égale longueur. La plante est beaucoup moins élancée, très-rameuse, et ses fleurs, au lieu de former un long épi nu, sont rassemblées en paquets de 2 à 6, quelquefois assez serrés, à l'extrémité des rameaux, qui sont chargés de feuilles beaucoup plus petites que dans ses congénères.

Restait à spécifier la plante des Cévennes. Elle diffère beaucoup de l'*A. telonensis*, et n'a guères de commun avec lui que le calice pubescent et sans glandes; du reste, elle a tout-à-fait le port de l'*A. parvifolius*. Dans l'un et dans l'autre, les fleurs forment des épis fort longs à l'extrémité des tiges et des rameaux principaux. A la base de chaque pédoncule, est

———

(1) Dans la 2.ᵉ édition, M. LOISELEUR a confondu deux plantes, en adoptant l'opinion de DE CANDOLLE.

une bractée lancéolée, et vers le milieu, deux ou trois autres,
plus courtes, mais beaucoup plus longues et plus étroites que
dans l'*A. telonensis :* dans celui-ci, les bractées pédoncu-
laires ne sont guères plus longues que la partie du pédoncule
située entre leur insertion et la naissance du calice; dans la
plante des Cévennes, comme dans celle des Landes, elles ont
trois fois cette longueur. Ces bractées, ainsi que celles de
la base du pédoncule, ne se voient bien que dans la partie
non développée de l'épi, qu'elles rendent feuillé (*comosus*);
elles tombent ordinairement peu après l'épanouissement, et
l'épi parait nu. Lorsqu'on compare le calice de la plante des
Cévennes à celui de l'*A. parvifolius,* on y remarque, outre
l'absence des glandes, de plus petites dimensions, et moins
de profondeur dans la division des deux lèvres ; frappé de ces
différences, j'en fis part à M. le docteur Mougeot, qui m'apprit que M. Delille a distingué la plante des Cévennes sous
le nom d'*A. cebennensis,* et qu'il se propose de la décrire
dans une monographie du genre *Adenocarpus* qu'il prépare.
Je laisserai donc le savant auteur de la Flore d'Égypte traiter
ce genre intéressant; je n'ajouterai qu'une observation : c'est
que M. Monnier a trouvé à Argelès (Hautes–Pyrénées) un
Adenocarpus qui paraît devoir ne faire considérer l'*A. cebennensis* que comme une variété du *parvifolius.* Il a le calice pubescent, mais on y aperçoit quelques glandes, et sa
forme est intermédiaire entre ceux des plantes des Cévennes
et des Landes. Comme nous n'avons eu que peu d'échantillons
de la plante des Pyrénées, nous renvoyons cette observation
aux botanistes qui habitent ces riches montagnes.

XXV. Dans le *Trifolium maritimum,* la dent 3-nervée
du calice est souvent très-longue et réfléchie, ce qui peut le
faire confondre avec le *T. squarrosum.* J'ai vu dans l'herbier
d'un excellent botaniste un échantillon qui a servi à la description du *T. squarrosum* de l'une de nos meilleures Flores,

et que nous avons reconnu pour un *T. maritimum* à calice
très-irrégulier. Je possède cependant un échantillon cultivé
du *T. squarrosum*, provenu de graines envoyées sous ce nom
du Jardin du Roi, qui paraît avoir quelques légères différences
avec les individus du *T. maritimum* que j'ai rapportés de
Bordeaux, de Montpellier et de Toulon ; mais ces différences
peuvent venir de la culture. Le *T. maritimum* ne serait–il
qu'une variété du *squarrosum* ?

XXVI. On cite le *Trifolium Thalii* de Villars comme synonyme du *T. cœspitosum*. Si les échantillons que j'ai reçus
de M. de Miribel sont bien déterminés (et je le crois, puisqu'il a eu la facilité de les vérifier dans l'herbier de Villars),
cette plante appartient au *T. glareosum* de Schleicher, c'est-
à–dire à la var. β du *T. cœspitosum*, car le calice est beaucoup plus court que dans le type, que nous avons rapporté
des Pyrénées et des Cévennes. Quoiqu'il en soit, cette var.
β doit être ajoutée à la Flore française. Les échantillons en
question viennent du Lautaret.

XXVII. Lors de notre herborisation au Port Juvenal, près
Montpellier, nous avons cherché en vain le *Psoralea palœstina*, qu'on dit y croître et qui était déjà passé ; mais M.
Requien nous en a donné des échantillons desséchés. La comparaison de ces échantillons avec ceux du *P. bituminosa*, que
nous avons cueilli sur les bords du Canal du midi (départ.
de l'Aude), ne m'a montré entre eux aucune différence spécifique. Le *P. palœstina* de Montpellier est seulement un
peu plus velu, et a les feuilles inférieures plus larges. On dit
qu'il n'a pas l'odeur forte de son congénère ; c'est là le caractère le plus certain : mais, comme dit plaisamment M. Arnott
(1), est–ce au nez, et non plus aux yeux, qu'il faut se fier

(1) « *P. palœstina... was not sufficiently advanced when I was*

dans une détermination? D'ailleurs, nous possédons au jardin
de Nancy, sous le nom de *P. palæstina*, une plante qui convient mieux que celle du Port Juvénal aux descriptions de
Linné (suppl. p. 339) et de Gouan (Ill. p. 51), par ses fleurs
plus grandes, ses capitules plus gros, ses calices plus ventrus,
ses stipules plus longues; elle est beaucoup plus nourrie dans
toutes ses parties; ses pédoncules n'ont que deux fois la longueur des feuilles, ses folioles sont presque toutes ovales, ses
bractées plus larges et moins longues, ses pétioles beaucoup
plus striés; elle est couverte de plus de poils. Elle diffère bien
davantage de la plante de Montpellier que celle-ci du *P. bituminosa*, et si ce n'est pas le *palæstina*, c'est une nouvelle
espèce non décrite dans le Prodrome de de Candolle.

XXVIII. J'ai vu dans l'herbier de notre célèbre cryptoga-
miste, M. le docteur Mougeot, une plante intéressante, qui
vient des Alpes du Salzbourg, mais qu'on rencontrera peut-
être un jour dans celles de la France : c'est, si je ne me
trompe, le véritable *Oxytropis uralensis* de Linné, qu'on dit
ne croître qu'en Sibérie. Il diffère de l'*uralensis* de France
(*O. uralensis* β *sericea* de C. prodr.) en ce qu'il n'est pas
soyeux; du reste, il est taillé sur le même modèle.

XXIX. C'est avec raison que M. Duby, dans son *Botanicon gallicum*, a rendu enfin justice à l'*Ornithopus roseus* de
L. Dufour, en l'admettant au rang d'espèce. Nous, qui avons
eu occasion de l'examiner dans deux localités où il est très-
abondant, à Saucatz près Bordeaux et à Mont-de-Marsan,
nous pouvons affirmer qu'il diffère presque autant du *perpu-*

« at *Pont Juvenal* for me to judge of it in the live state; but the died
« specimen exhibits not one specific character that I can see bet-
« ween it and *P. bituminosa*... Is it to the nose, and not the eye,
« that we should trust for the distinction? » W. Arnott's l. c.
(jan.—march. 1827. p. 243 not.)

sillus que celui-ci du *compressus;* il a surtout un port qui nous le faisait distinguer de très-loin des autres espèces avec lesquelles il croissait.

Je ne vois, dans la description de l'*O. sativus* de BROTERO (telle que je l'ai lue dans PERSOON), aucun caractère qui empêche d'y reconnaître notre *O. roseus :* les gousses sont vraiment rugueuses, pendantes lors de la maturité, presque droites, et les articles arrondis. BROTERO dit des fleurs, il est vrai : « *ex albo-purpurei rariùs lutei* », et nous les avons toujours vues d'un pourpre plus ou moins foncé ; mais il paraît qu'il y a du jaune dans cette teinte, car, lors de la dessication, la carène et les ailes deviennent souvent jaunes, tandis que l'étendard reste rose. Je n'ai pas vu d'échantillons de Portugal, mais j'en ai vu un de Galice, qui ne diffère nullement de la plante de France. La station de celle-ci avec le *Lychnis lœta*, le *Pinguicula lusitanica*, un *Erica* nouveau pour la Flore française et que je signalerai bientôt; cette station, dis-je, serait encore une induction en faveur de mon opinion, qui est au reste celle de M. DE ST.-AMANS, dans sa Flore agenaise.

Quant à l'*O. sativus* que M. SALZMANN donne, dans ses plantes de TANGER, pour celui de BROTERO, et que j'ai vu dans l'herbier de M. MONNIER, il s'en éloigne par ses légumes très-arqués, et par la longueur et la direction du bec qui les termine.

La proportion des bractées à l'égard des légumes est un caractère variable dans les *Ornithopus*. Je possède un échantillon d'*O. compressus*, du jardin de Nancy, dans lequel la bractée égale le pétiole en longueur. Il est au *compressus* ce que l'*intermedius* de ROTH est au *perpusillus* ; ce sont des variations et non des variétés.

XXX. M. MONNIER a cueilli à Luz (Hautes-Pyrénées) une variété remarquable du *Lathyrus sylvestris*, qui n'a que deux fleurs, et qui ressemble beaucoup, pour le port, au *L. hir-*

sulus ; mais elle en diffère suffisamment par ses légumes glabres, dont le stigmate , au contraire, a quelques petits poils ; par son calice à divisions moins profondes , par ses feuilles plus pointues , par sa glabréité.

XXXI. Le *Caryophyllata pyrenaïca amplissimo folio et rotundiore, nutante flore* de Tournefort a été décrit, pour la première fois, en 1799, par Willdenow dans son *Species,* sous le nom de *Geum pyrenaïcum* ; Ramond, de son côté, le décrivit et le dessina sous le nom de *G. pyrenæum,* dans le Bulletin de la Société philomatique du 8 fructidor an 8 (26 août 1800), alors qu'il n'avait, à ce qu'il paraît, aucune connaissance de l'ouvrage du botaniste de Berlin. La description et la figure qu'il en donne sont excellentes. Je reprocherai à Willdenow d'avoir comparé sa feuille à celle du *G. rivale,* ce qui a pu le faire confondre avec le *G. inclinatum* de Schleicher (1). Le *G. pyrenaïcum* croît à St.–Béat, où

---

(1) Le *G. inclinatum* Schleich.! que M. Seringe (in de C. prodr. p. 552) cite comme synonyme du *G. pyrenaïcum,* en diffère par sa taille plus élevée, par ses feuilles qui ressemblent beaucoup à celles du *rivale,* c. à d. que la grandeur des folioles des feuilles radicales décroit du sommet à la base ; par la forme de ses pétales, par son calice rouge et non pas vert, par ses arêtes dont les poils s'élèvent plus haut : car, ni dans l'un ni dans l'autre l'arête n'est dépourvue de poils ; ils la garnissent, au contraire, depuis l'ovaire jusqu'à environ une ligne de l'extrémité, qui reste nue, dans l'*inclinatum,* et une ligne et demie dans le *pyrenaïcum.* Comme cette différence n'est pas très-considérable, et que ce n'est que dans l'*inclinatum* que j'ai pu suivre cette arête dans tout son développement, c'est de celui–ci seul qu'il va être question. Dans le jeune ovaire, l'arête est partagée par une torsion en deux parties, dont l'inférieure a une demi–ligne et la supérieure deux lignes : lorsque l'ovaire a acquis toute sa longueur, la partie inférieure de l'arête a environ un pouce, tandis que la supérieure n'a guères que deux lignes et demie ; toute croissance cesse donc, ou à peu près, au–dessus de la torsion. Willdenow a décrit et figure, dans l'*Hortus berolinensis* (p. et T. 69), le *G. inclinatum* sous le nom de *G. intermedium :* mais l'ovaire n'était pas assez avancé, et la figure n'en donne pas une idée suffisante. C'est aussi le

M. Marchand me l'a donné; M. Monnier l'a aussi rencon‑
tré aux pacages d'Anouillas (Basses‑Pyrénées). C'est le *G.*
Tournefortii de Lapeyrouse. Il ressemble beaucoup au *mon‑*
tanum, mais il en diffère, 1.° par ses feuilles radicales dont
le lobe terminal est fort grand et assez semblable à la feuille
d'un *Alchemilla hybrida*, et dont les folioles latérales sont
très‑petites et plus grandes au milieu qu'en haut et en bas
du pétiole commun; 2.° par ses arêtes tortillées, courbées et
nues au sommet. Il est quelquefois uniflore, et alors on ne
peut pas y arriver par l'analyse de la Flore française.

Le *G. sylvaticum* Pourr. (*atlanticum* Desf.), que M. Salz‑
mann m'a envoyé de Montpellier, tient le milieu entre le *G.*
montanum et le *pyrenaïcum;* il a les feuilles du premier (1)
et les fruits du second. La fleur est plus petite que dans l'un
et l'autre.

––––––––

XXXII. Le *Potentilla pyrenaïca*, institué par de Candolle
dans sa Flore française, d'après Ramond, a bientôt perdu le
rang d'espèce qui lui avait été assigné. M. Nestler, dans
sa monographie, le réunit comme synonyme au *P. crocea*
(*verna* β Nestl.); c'est ce que vient de faire aussi M. Loise‑
leur dans la 2.ᵉ édition de son *Flora gallica*. M. Seringe,
dans le Prodrome de de Candolle, en fait la variété β du *P.*
grandiflora. Je préfère sans aucun doute le premier sentiment

––––––––

G. intermedium de Thomas, pl. exs! (et par conséquent de la Flore
helvétique), et de Trattinick, rosac. C'est, enfin, le *G. rivale* β *in‑*
termedium Sering. (in de C. prodr.). J'observe qu'outre ses fleurs
jaunes, il diffère encore du *rivale* par la manière dont l'arête est tor‑
due, et par ses stipules plus incisées. Quant au *G. nutans* Lam.
(dict. I. 339), si ce n'est pas tout‑à‑fait cette espèce, ce doit en être
une variation à corolle un peu plus grande.

(1) On dit que cette feuille diffère de celle du *G. montanum*, en
ce que le lobe terminal est cordé, et qu'il est ovale dans le *mon‑*
tanum; c'est tout le contraire dans les échantillons de mon herbier,
ce qui doit faire abandonner ce caractère.

au second; mais s'il n'existe pas de caractère spécifique suffisant pour séparer cette espèce du *crocea*, je ne consens point
pour cela à l'y réunir comme synonyme ; car, outre le port
(elle est ascendante), outre la grandeur des fleurs (caractère
qui pour être vague, n'en est pas moins constant), j'ai toujours vu les pétioles de ses feuilles radicales glabres, ou à peu
près; tandis que dans le *crocea*, ils sont couverts de poils
étalés. Le *P. pyrenaïca* doit donc être indiqué au moins
comme variété du *P. crocea*, ou peut-être rétabli comme
espèce, ainsi que vient de le faire M. Duby; mais le principal
caractère qu'il donne pour le séparer de son *sabauda* n'est
pas constant : car dans beaucoup d'échantillons de celui-là,
les divisions du calice et les bractées sont exactement comme
il les décrit dans celui-ci.

Le *P. crocea* de Lehmann (*P. aurea* Sering. in de C.
prodr.) se subdivise en deux variétés remarquables : l'une,
qu'il regarde comme type, est le *P. crocea* de Haller fils, le
P. verna γ *salisburgensis* de Nestler. Il croît dans les Vosges, d'où M. Mougeot me l'a envoyé plusieurs fois. Villars,
qui l'y a vu, l'a reconnu pour son *P. filiformis*, ou *P. salisburgensis* de Jacquin; il est tout-à-fait conforme aux échantillons du Salzbourg. « Cette plante croît dans les fentes des
rochers (au Hohneck); ses feuilles sont vertes, ses tiges grêles
et pendantes, ses fleurs nombreuses et jaunes à onglet saffra-
né. » Nestl. in litt. L'autre variété est le *P. rubens* et *sabauda*
Vill., *P. verna* β *rubens* Nestl. « Elle vient sur les plateaux, et se distingue à la couleur rougeâtre de ses tiges et de
son feuillage; elle est toujours couchée, moins élancée que
la précédente, et ses fleurs sont de même couleur, mais moins
nombreuses. » Nestl. l. c. La couleur rougeâtre est surtout
très-intense à l'extrémité des divisions calycinales et des dents
des feuilles. Au premier coup-d'œil, le *P. sabauda* semble
bien différent du *salisburgensis ;* mais on peut passer de l'un
à l'autre par une foule de variations intermédiaires, dont

nous avons rencontré quelques unes dans les Pyrénées. Le *P. sabauda* paraît rare dans les Vosges (où le *salisburgensis* est commun); M. Nestler l'a trouvé au sommet du Ballon. Il croit que le *P. crocea* de Lehmann, qu'il avait regardé dans sa monographie comme variété du *P. verna*, doit tenir comme espèce; mais c'est le *sabauda* qu'il regarde comme type et le *salisburgensis* comme variété : en effet, il est plus naturel de penser que la plante des plateaux se sera modifiée en descendant dans les fentes des rochers, que de supposer le contraire. Le *P. crocea* devra donc prendre le nom de *sabauda*, que lui a rendu M. Duby dans le *Botanicon;* mais il faut y joindre, comme variété β *salisburgensis*, la plante que ce botaniste confond avec le *P. verna* β *montana* (1).

Maintenant, quels sont les caractères qui distinguent le *P. verna* du *sabauda?* J'avoue que je n'en vois pas d'autres que la couleur plus pâle de la fleur, et le port: car, le caractère pris de la dent moyenne des folioles, qui est ordinairement plus petite que les autres dans le *verna*, n'est pas assez constant pour assurer une espèce; et les fleurs ne sont pas toujours plus grandes dans le *sabauda* que dans le *verna* (2).

Quant au *P. aurea* (*P. Halleri* Sering. in de C. prodr.), il diffère suffisamment des précédents, non seulement par la manière dont les poils sont distribués sur les folioles, mais encore par les découpures de ces folioles; et je ne conçois pas comment Smith et Seringe ont pu ne pas reconnaître cette plante dans la bonne description que Linné en donne dans les Aménités.

––––––

XXXIII. Les *Alchemilla vulgaris*, *hybrida* et *pyrenaïca*

(1) Hegetschweiler (Reis. p. 156) décrit, sous le nom de *P. alpestris* Hall. f., une espèce à laquelle il joint, comme var. *b*, le *P. crocea;* var. *c*, le *P. rubens;* var. *d*, une var. à fleurs blanches; var. *e*, le *P. filiformis* ou *salisburgensis*.

(2) Elles sont plus grandes dans le *salisburgensis* des Vosges.

occupent dans les Pyrénées trois stations bien déterminées.
L'*A. vulgaris* est alpestre; il s'élève peu, et finit où commence l'*A. hybrida*. Celui-ci occupe la région alpine, mais
pas si haut que l'*A. pyrenaïca*, qui habite les sommités. Si
l'*A. pyrenaïca* a du rapport avec le *vulgaris* par sa feuille, il
se rapproche par son port de l'*A. pentaphylla*. Je le crois aussi
bien et peut-être plus une espèce distincte que l'*A. hybrida*.
Voici sa description, telle que me l'a donnée L. Dufour, qui
l'a établi dans les Annales générales des sciences physiques :

A. (pyrenaïca Duf.*) glabra; foliis inferioribus subreni-
formibus 5–7–lobatis, profundè dentato-serratis, dentibus
apice ciliato-penicillatis; caulibus decumbentibus; calyce
glabro. A. vulgaris β glabra* DE C. prodr.— « Les échantil-
« lons cueillis par M. Monnier (au Port d'Oo), m'écrivait
« L. Dufour, appartiennent très–positivement à mon *A.*
« *pyrenaïca.* Vous voyez que cette espèce ne peut être con-
« sidérée comme une variété de l'*A. vulgaris*, ainsi que le
« veut DE Candolle (l. c. II. 589). » (1).

(1 Je viens de recevoir les deux premiers volumes du *Flora helvetica* de M. Gaudin, et j'y trouve la plante de L. Dufour, sous le
nom d'*A. fissa;* voici la copie de cet article :

« *A. (fissa* Schummel *) foliis subrotundo–reniformibus 5–
« 7–lobis acutè inciso–dentatis, lobis retusis cuneatis infernè inte-
« gris, corymbis terminalibus,* Schum. in Gunth. schles. cent. 9.
« n. 2. M. et K. Deutsch. I. 530 excl. syn. DE C.). Schleicher
« exs. cat. 1821.— *Inter priorem et sequentem (A. vulgarem et
« pentaphyllam) intermedia, illi tamen similior, differt : 1° statu-
« ra longè minori: 2° herbâ in nostris speciminibus glabriusculâ,
« foliorum dentibus tamen perindè penicillato-mucronatis; 3° foliis
« (in plantâ med) nunquam 9–, sed 5–7–lobata, multò minori-
« bus, lobis obovato-cuneiformibus, neque ad latera armatis, in-
« fernè subcontiguis integrique, nec undiquè serratis, medium
« ferè limbum attingentibus, dentibus oblongis, lanceolatis duplò-
« que longioribus, supremo lateralibus breviori, ut lobi retusi
« sint; 4° stipulis caulinis superioribus semitrifidis, latè cunea-
« tis. Folia summa ultra medium trilobata, lobis inæqualiter et
« profundè incisis. Cetera conveniunt.— Hab. in M. alpinis editio-*

M. Loiseleur Deslongchamps, dans la nouvelle édition de son *Flora gallica*, réunit l'*A. hybrida* au *vulgaris* comme variété β. L'article ferait croire que toutes les fois que cette plante a des poils, elle appartient à la variété; mais on trouve dans les Vosges et dans les Pyrénées des variations de l'*A. vulgaris* dont les tiges et les feuilles sont hérissées. Outre une plus grande abondance de poils qui le rendent presque soyeux, l'*A. hybrida* diffère du *vulgaris* par sa stature moins élevée et par son inflorescence agglomérée. Mais je ne nie point que ce n'en puisse être une variété.

XXXIV. Le genre *Epilobium* n'est pas facile; je ne l'ai encore vu convenablement traité que dans l'Iconographie de Reichenbach. Je vais essayer d'en esquisser la monographie, pour les espèces de France. Il serait superflu de dire que mon jugement était arrêté sur la plupart d'entr'elles, lorsqu'il a été confirmé par le travail du professeur de Dresde.

Le principal caractère des Epilobes est pris du stigmate quadrifide ou entier. Le premier est propre au genre, chaque division répondant à l'une des valves de la capsule; le stigmate entier est donc le produit d'une soudure. Quand on y réfléchit, on se demande si ce caractère, quoiqu'il paraisse constant, est assez solide, surtout lorsqu'il est seul pour distinguer les espèces, comme dans les *E. montanum* et *alpestre*, *palustre* et *nutans*. Quoiqu'il en soit, il faut prendre garde de se tromper dans l'appréciation de ce caractère; car, au com-

---

« *ribus*, *vulgò* (*cl.* Schleicher).— *Fl. Julio et Augusto.* ♃. » Gaud. l. c. I. 454.

Cette description convient parfaitement à nos échantillons des Pyrénées. Le synonyme de de Candolle, que MM. Mertens et Koch rapportent à l'*A. fissa*, et que M. Gaudin désapprouve avec raison, est l'*A. vulgaris* γ *glabra* de la Flore française, qui n'est qu'une variation du *vulgaris*. Les autres synonymes cités par ces botanistes sont: *A. palmatifida* Tausch. in litt., *A. hybrida* Schleich. cat.

mencement de l'épanouissement, le stigmate quadrifide pa-rait souvent entier (1).

Je distingue dans les Epilobes des fleurs de trois grandeurs principales : les plus larges ont environ un pouce de diamètre ; les secondes de 6 à 7 lignes, et les troisièmes de 3 à 4 lignes. Afin d'abréger, je les désignerai sous le nom de fleurs de 1.re, 2.e et 3.e grandeur.

EPILOBIUM. Calyx tubulosus 4-partitus. Petala 4. Capsula 4-gona 4-valvis. Semina papposa.

§. I. *Chamænerion* DE C. *Flores irregulares, petala integra, genitalia deflexa (stigma 4-fidum).*

1. *E. (spicatum* LAM.) *caule erecto subsimplici, foliis lineari-lanceolatis integris venosis, pedicellis ex axillâ bractearum ortis. E. angustifolium* α LINN. *E. spicatum* LAM. PERS. DE C. *E. Gesneri* VILL. *E. angustifolium* SMITH. WILLD. SPRENG. LOISEL. (ed. 2.)—Fleurs de 1.re grandeur. J'ai toujours vu la tige simple. Nancy!

2. *E. (rosmarinifolium* HÆNK.) *caule ascendente sub-ramoso, foliis linearibus subdenticulatis aveniis, pedicellis bracteam gerentibus. E. angustifolium* γ LINN. *E. angustifolium* LAM. PERS. *E. Dodonæi* VILL. *E. angustissimum* WILLD. SPRENG. LOISEL. *E. rosmarinifolium* DE C.—Fleurs de 1.re grandeur. Les Alpes!

α. *denticulatum. Foliis denticulatis. E. angustissimum* AIT. ex REICH. (Icon. bot. cent. 4. p. 33. T. 342).

β. *integrifolium. Foliis integris calloso-mucronatis. E. rosmarinifolium* HÆNK. ex REICH. (l. c. T. 341).—HAL. helv. 1001.

Voici ce que REICHENBACH dit de ces deux variétés, dont il fait deux espèces, l'une sous le nom d'*angustissimum*, l'autre sous celui de *rosmarinifolium* : « *E. angustissimum*

______

(1) DE CANDOLLE, dans sa Flore française, avait donné un stigmate entier aux *E. hirsutum* et *molle;* WILLDENOW, dans son *Species*, attribue un stigmate quadrifide aux *E. tetragonum* et *palustre*. On en a conclu que ce dernier était l'*E. molle*, dont les feuilles ne sont pourtant pas « *integerrimis* ».

« *vulgatior est à Pyrenœis ad Caucasum usquè, et in ipsâ*
« *Siberiâ legitur. Variat utraque species caule simplicissimo*
« *et virgatùm ramoso, pollicari et cubitali, pauci-et ferè uni-*
« *floro atque speciosè floribundo, demùm erecto atque pro-*
« *strato. Genitalia post anthesin in utraque declinata. Pe-*
« *tala in utraque magìs vel minùs obtusa. Bracteœ basi*
« *pedunculi eò magìs accedunt, quò magìs terminem racemi*
« *attingunt, ità in humillimis paucifloris ferè rachidi adhe-*
« *rent, ut etiam hœc nota fallax, nec ad speciem nanam*
« *ultrò distinguendam, quod cl.* DE CANDOLLE *et exc. M. à*
« BIEBERSTEIN *autumarunt, idonea videatur.* » REICH. l. c.
Restent donc, pour les distinguer, les feuilles entières ou dentées,
et la pointe calleuse qui termine celles du *rosmarinifolium*.
Mais, dans mes échantillons à feuilles le plus entières, on en
rencontre qui ont quelques dents (rares il est vrai); et j'ai des
individus dont les feuilles, très-denticulées, sont aussi cal-
loso-mucronées. Je ne pense pas qu'on puisse établir solidement ces deux espèces.

§. II. *Lysimachion* DE C. *Flores regulares, petala obcor-*
data, genitalia ascendentia.

Stigma 4-fidum.

3. *E. (hirsutum* LINN.) *caule ramoso hirsuto, foliis op-*
positis alternisque lanceolato-oblongis hirsutis amplexicau-
libus irregulariter serratis, sepalis mucronatis. E. hirsutum
α LINN. VILL. *E. hirsutum* SMITH. WILLD. PERS. DE C.
SPRENG. LOIS. *E. amplexicaule* LAM.—Fleurs de 1.ʳᵉ grandeur. Nancy!

4. *E. (molle* LAM.) *caule subsimplici villoso, foliis op-*
positis alternisque oblongo-lanceolatis molliter pubescentibus
sessilibus serrulatis, sepalis callosis. E. hirsutum β LINN.
VILL. *E. parviflorum* SMITH. DE C. (prodr.). *E. molle* LAM.
DE C. (fl. fr.). SPRENG. DUBY. *E. pubescens* WILLD. PERS. LOIS.

α. *vulgare. Foliis plerumquè oppositis erectis, caule sim-*
plici. —Fleur de 3.ᵉ grandeur, un peu forte. Nancy!

β. *intermedium. Foliis plerumquè alternis patulis , caule ramoso. E. intermedium* MÉR. *E. hirsutum* β DE C. (prodr.). *E. pubescens* β LOIS.—Fleur un peu plus grande encore que la var. α et s'approchant de la 2.ᵉ grandeur. Nancy! Hambourg! Cette plante doit être réunie au *molle* et non à l'*hirsutum;* car elle ne diffère du premier que par les deux caractères indiqués, tandis qu'elle n'a que le port de l'*hirsutum,* et qu'elle s'en éloigne par son calice, par la nature des poils de la tige, par la grandeur de la fleur, etc.

5. *E.* (*montanum* LINN.) *caule simplici vel ramoso tereti glabro, foliis suboppositis ternisve ovato-lanceolatis inæqualiter dentatis subsessilibus. E. montanum* LINN. LAM. SMITH. WILLD. PERS. DE C. REICHENB. SPRENG. LOIS.

α. *vulgare. Petalis calyce longioribus. E. montanum* REICH. (l. c. cent. 2. p. 80. T. 189).—Fleur de 2.ᵉ grandeur. Nancy! La variation à feuilles ternées croît aussi à Nancy, mais très-rarement.

β. *parviflorum. Petalis calycem æquantibus. E. montanum* γ DE C. *E. montanum* β *nanum* SCHLEICH. exs.—Fleur de 3.ᵉ grandeur. Les Vosges! les Alpes! les Pyrénées! Quoique cette variété paraisse très-différente du type, je n'ose l'en séparer; car j'ai cueilli à Tartas (Landes) des échantillons dont la fleur tient le milieu entre les deux.

Stigma indivisum.

6. *E.* (*alpestre* JACQ. ex REICH.) *caule erecto simplici bi-tri- aut quadrifariam piloso, foliis oppositis ternis quaternisve ovato-lanceolatis inæqualiter dentatis sessilibus in nervis hirsutis. E. alpestre* JACQ. SCHMIDT. REICH. (l. c. p. 89. T. 200). SPRENG. *E. montanum, var.* LAM. VILL. WILLD. PERS. *E. roseum, var.* DE C.—Fleur de 2.ᵉ grandeur. Les Vosges! les Alpes! Cette plante ne diffère de la précédente que par le stigmate en massue, et par les lignes de poils qui partent de chaque feuille et parcourent la longueur de la tige.

7. *E. (* origanifolium Lam. *) caule ascendente basi re-*
pente subglabro , foliis oppositis ovatis subserratis subses-
silibus glabris. E. origanifolium Lam. Pers. de C. Reichenb.
(l. c. p. 74. T. 180). *E. alsinefolium* Vill. Spreng. Lois.
—Fleur de 2.ᵉ grandeur. Les Alpes! les Pyrénées! J'avoue
que je ne vois pas moyen de séparer solidement cette espèce
de la précédente. On la dit entièrement glabre : elle ne l'est
pas toujours, et on remarque souvent sur la tige des poils en
lignes longitudinales. Les capsules paraissent perdre plutôt
leur premier duvet. Si les feuilles sont quelquefois presque
entières, quelquefois elles sont aussi denticulées que dans
l'*alpestre*. La figure de Reichenbach ferait croire que les pétales ne sont ici qu'émarginés, tandis qu'ils seraient bifides
dans le précédent : ils sont également fendus dans mes échantillons. La tige penchée vers le haut n'est pas non plus un
caractère constant. Elle est radicante dans tous mes échantillons; mais, d'une part, M. de Candolle lui refuse ce caractère
(Fl. fr. IV. 424), et, de l'autre, on dit qu'il se trouve dans
quelques échantillons d'*alpestre*. Je ne vois donc que sa stature plus petite et ses feuilles toutes glabres, et non hérissées
sur les nervures, pour séparer l'*origanifolium* de son congénère (1).

8. *E. (* roseum Schreb. *) caule erecto tereti vel decurren-*
tiâ foliorum leviter ancipiti aut tetragono glabro , foliis pe-
tiolatis inferioribus oppositis ovato-lanceolatis inœqualiter
serratis. E. roseum Smith. Pers. Reichenb. (l. c. p. 81. T.
190). Spreng. Lois. *E. montanum* γ Willd. *E. roseum* α
de C.—Fleur de 3.ᵉ grandeur. Commun à Nancy! les Vosges! Cette espèce, confondue avec l'*E. alpestre*, en est bien

(1) Mon opinion vient d'être fortifiée par celle de MM. Wimmer
et Grabowski qui, dans leur Flore de Silésie (pars I. cl. 1—10. Vra-
tisl. 1827) réunissent l'*alpestre* à l'*origanifolium*. M. Reichenbach
(l. c.) avait été tenté de ne faire du premier qu'une variété du *mon-*
tanum; mais il préférerait maintenant l'opinion de ces botanistes
(Voy. Icon. bot. cent. 5. p. 68).

distincte par ses feuilles pétiolées, sa tige glabre, ses petites fleurs, etc. Elle ressemble davantage à l'*E. tetragonum* β *obscurum*, dont elle diffère par ses feuilles plus larges et pétiolées.

9. *E.* (*tetragonum* LINN.) *caule erecto subtetragono glabro, foliis sessilibus inferioribus oppositis lineari-lanceolatis serrulatis. E. tetragonum* LINN. LAM. VILL. SMITH. WILLD.? PERS. DE C. REICHENB. SPRENG. LOISEL.

α. *vulgare. Caule ramoso tetragono. E. tetragonum* REICH. (l. c. p. 88. T. 198).—Fleur de 3.ᵉ grandeur. Nancy!

β. *obscurum. Caule ramosissimo obscurè tetragono. E. obscurum* REICHENB. (l. c. p. 89. T. 199). *E. tetragonum* β WILLD. PERS. DE C. (prodr.). SPRENG.—Fleur de 3.ᵉ grandeur. Nancy!

10. *E.* (*palustre* LINN.) *caule erecto subsimplici cylindrico glabriusculo basi stolonifero, foliis plerumquè oppositis lineari-lanceolatis subintegerrimis* (1). *E. palustre* LINN. LAM. VILL. SMITH. WILLD.? PERS. DE C. SPRENG. LOISEL.

α. *vulgare. Caule simplici.*—Fleur de 3.ᵉ grandeur, un peu forte. Bruyères!

β. *ramosum. Caule ramoso. E. palustre* β. LINN. WILLD. *E. foliis lanceolatis ramosè florens.* LINN. fl. lapp.—Fleur id. Le Hohneck!

11. *E.* (*alpinum* LINN.) *caule gracili basi repente, foliis suboppositis ovato-oblongis subintegris obtusis. E. alpinum* LINN. VILL. SMITH. WILLD. PERS. DE C. SPRENG. LOIS. *E. anagallidifolium* LAM.

α. *vulgare. Foliis oppositis integris.*—Fleur de 3.ᵉ grandeur. Les Vosges! les Alpes! les Pyrénées!

β. *sparsifolium. Foliis sparsis subdenticulatis.*—*E. Hornemanni* REICH. (l. c. p. 74. T. 180)? DE C. (prodr.)?

____

(1) L'*E. nutans* SCHMIDT (non HORNEM) in REICH. (l. c. p. 87. T. 197) est très-voisin du *palustre*, et ne s'en distingue qu'à ses stigmates quadrifides qui le rapprochent du *montanum*.

E. nutans Hornem.? — Fleur id. Les Vosges! les Alpes! Je ne vois pas de caractère assez solide pour séparer de l'*alpi-num* ces échantillons, que je crois appartenir à l'*E. Horne-manni* à cause de leurs feuilles éparses et souvent denticu-lées; ces caractères ne sont pas spécifiques dans le genre *Epilobium.*

Je vais ajouter à ce que je viens de dire l'essai d'une ana-lyse synoptique de ces onze espèces :

1
{ Fleurs irrégulières (*Chamœnerion*) stigmate quadri-fide.. 2.
{ Fleurs régulières (*Lysimachion*)........... 3.

2
{ Feuilles lancéolées............... *E. spicatum.*
{ Feuilles linéaires .... *E. rosmarinifolium.*

3
{ Stigmate quadrifide...................... 4.
{ Stigmate entier .... 6.

4
{ Tige velue............................. 5.
{ Tige glabre .... *E. montanum.*

5
{ Fleurs de 1.re grandeur.......... *E. hirsutum.*
{ Fleurs de 3.e grandeur............. *E. molle.*

6
{ Feuilles dentées......................... 7.
{ Feuilles entières........................ 11.

7
{ Feuilles ovales–lancéolées............... 8.
{ Feuilles linéaires-lancéolées..... *E. tetragonum.*

8
{ Feuilles sessiles .... 9.
{ Feuilles pétiolées .... *E. roseum.*

9
{ Feuilles velues sur les nervures..... *E. alpestre.*
{ Feuilles glabres......................... 10.

10
{ Fleurs de 2.e grandeur ...... *E. origanifolium.*
{ Fleurs de 3.e grandeur....... *E. alpinum, var.*

11
{ Fleurs de 2.e grandeur .... 12.
{ Fleurs de 3.e grandeur........... *E. alpinum.*

12
{ Feuilles lancéolées–linéaires....... *E. palustre.*
{ Feuilles ovales .... *E. origanifolium, var.*

(67)

XXXV. *Lythrum Grœfferi* Tenor. J'ai découvert cette plante, au mois de juin 1826, à Biaritz, entre Bayonne et St.-Jean-de-Luz, dans un ravin au bord de la mer et près d'une mare. J'allais la publier comme espèce nouvelle, lorsque j'appris de M. Guillemin qu'elle est décrite dans le supplément de la Flore napolitaine de Tenore; elle a été indiquée depuis dans le Prodrome de de Candolle. Le *L. Grœfferi* diffère beaucoup du *L. virgatum*, dont Sprengel n'en fait qu'une variété dans son *Systema vegetabilium*. Il ressemble davantage au *L. hyssopifolium;* mais on le reconnaît à ses fleurs plus distinctement pédonculées et dont les deux bractées sont insérées sur le pédoncule au lieu de l'être à la base du calice, à ses calices striés, à ses corolles trois fois plus grandes, et à ses 12 étamines. Dans ma plante, 6 de ces étamines sont exsertes et 6 incluses; il paraît qu'elles sont toutes exsertes dans la plante de Tenore. Le *L. flexuosum* de Salzmann, qui croît à Tanger et que j'ai vu dans l'herbier de M. Monnier, ne diffère du *Grœfferi* qu'en ce que ses étamines sont toutes incluses. Le *L. hyssopifolium* de Sieber (fl. exs. cret.) a ses feuilles radicales plus arrondies, mais ne diffère pas autrement du *L. Grœfferi*. M. Monnier a vu dans l'herbier de M. Gay un autre *Lythrum* très-voisin, et dont les différences ne sont peut-être dues qu'à la culture : il était cultivé au jardin de Paris sous le nom de *L. hyssopifolium*. Il se distingue du *Grœfferi*, selon M. Gay : « par ses dents « calycinales internes un peu plus longues, par ses feuilles un « peu pétiolées, plus souvent opposées, subcordées (elles sont « subcordées dans la plante de France), par ses fleurs plus « grandes, enfin par son style inclus. » C'est d'ailleurs la même plante. M. Gay l'appelle *L. petiolulatum*.

Quant au *L. nummularifolium* Vallot (in Pers. ench. II. 8), dont j'ai vu un dessin chez M. Lorey, à Dijon, je puis bien assurer qu'il diffère beaucoup du *nummularifolium* de Loiseleur, dont ce botaniste le rapproche avec doute dans la seconde édition de son *Flora gallica*; mais je ne me rappelle pas assez ce dessin pour dire si la plante est dis—tincte du *L. Græfferi*, ainsique le demande M. DE CANDOLLE, quoiqu'il soit permis d'en douter. M. VALLOT, qui parle, dans son histoire de la botanique en Bourgogne (1), p. 29, de cet échantillon unique conservé dans son herbier, d'après lequel ont été faits la description de PERSOON et le dessin de M. LOREY, dit : « D'après un examen très-attentif de son « échantillon, et d'après l'impossibilité de retrouver la plan—« te, M. VALLOT est porté à croire que le pied qui croissait « dans le ruisseau de la fontaine de Larrey et qui, dans le « temps, avait fourni plusieurs échantillons (maintenant tous « perdus à l'exception de celui mentionné) à M. BONNIER, « botaniste très—zélé, pourrait n'être qu'une monstruosité; « sa station dans l'eau aura fait acquérir aux feuilles des di—« mensions d'autant plus étendues qu'elles sont plus près de « la base, mais qui vont toujours en diminuant à mesure « qu'elles s'approchent du sommet. Les fleurs axillaires ont « de même une plus grande taille que dans les autres *Ly—« thrum.* » Tout cela ne ressemble guère à notre *L. Græfferi*, et il est peut—être plutôt question d'une des nombreuses va—riétés du *L. salicaria*.

Une de ces variétés croît à Nancy, et est pour ainsi dire in·termédiaire entre les sections *Hyssopifolia* et *Salicaria* (DE C, prodr.). Les feuilles sont opposées; les fleurs sont en épi sim—ple très-peu fourni; elles sont solitaires ou géminées à l'ais—selle de bractée aussi longues qu'elles. La plante est cou—verte, surtout dans le haut, de poils blancs; mais ils ne sont pas assez serrés pour former un duvet velouté. Cette variété diffère-t-elle du *L. salicaria β gracilis* DE C.?

XXXVI. LINNÉ (sp. pl. 572) a établi son *Saxifraga se-*

(1) Extrait du compte rendu de l'Académie de Dijon pour 1827.

doïdes sur le *Saxifraga alpina minima foliis ligulatis in or-
bem circumactis flore ochroleuco* de Séguier (veron. I. 450
T. 9. f. 3.), qu'il cite seul comme synonyme. Cependant Séguier, n'étant pas content de cette figure, qui effectivement
est assez grossièrement dessinée, l'avait fait graver de nouveau dans son 3.e volume publié en 1754 (T. 5. f. 3), où
il en donne une nouvelle description (p. 203). L'une et
l'autre offrent quelques différences avec ce que l'auteur en
avait dit précédemment : les feuilles sont généralement trop
pointues dans la 2.e figure, et non plus ligulées comme dans
la 1.re, et ces différences ont été une source de doutes et d'erreurs. L'ancienne figure est pourtant fort bonne, quoiqu'on
en dise, et je la préfère à la nouvelle. C'était aussi, à ce qu'il
paraît, l'opinion de Linné, puisque dans la seconde édition de
son *Species*, qui est de 1762, et postérieure par conséquent de
8 ans au supplément de Séguier qu'il connaissait (1), il ne
cite que la T. 9. f. 3 (2). Effectivement, on trouve dans les
Alpes, et surtout à la vallée de St.-Nicolas en Valais, une
plante qui répond parfaitement à cette figure et à la description qui l'accompagne, et c'est elle que Sprengel a autrefois
nommée *S. Seguierii*, mais qu'il a réunie avec raison au *sedoïdes* dans son *Systema* (II. 368).

Willdenow (sp. pl. II. 642) ne cite non plus que la
1.re figure de Séguier; mais il y joint en synonymes le *S.
muscoïdes* All. (ped. T. 61. f. 2), qui n'est que le *planifolia* de Lapeyrouse; et le *S. trichodes* Scop. (carn. T. 15.

(1) Voyez la liste des réformateurs en tête du *Species*, où Linné
indique les trois volumes des plantes de Vérone.

(2) On lit dans le *Species : Saxifraga alpina minima*, etc. Seg.
veron. T. 9. f. 4; cette faute ne se trouve ni dans Willdenow ni
dans Poiret. Il y a une autre faute dans la planche de Séguier;
c'est qu'au lieu du nom qu'il a imposé à notre plante, le graveur
a mis : *Saxifraga alpina ericoïdes*, qui est le nom d'une espèce
voisine; mais cette erreur se corrige facilement en comparant la
figure à la description.

f. 1.), cité par tous les auteurs modernes à l'exclusion de la fig. de Séguier, qui est cependant la seule bonne à ma connaissance (je n'ai pas vu celle de Jacquin), et sur laquelle Linné a, pour ainsi dire, créé son espèce. Le *S. planifolia* diffère du *sedoïdes* par ses pétales arrondis et plus grands que le calice (et non pas plus courts et aigus); le port est aussi différent. Quant au *S. trichodes*, que mon confrère M. Holandre a cueilli dans les mêmes lieux que Scopoli, et dont il m'a donné des échantillons parfaitement semblables à la figure du *Flora carniolica*, il se distingue du *sedoïdes* parce qu'il est plus élancé, très-rameux, à pédoncules capillaires; que les feuilles sont plus pointues, etc. Je le crois une espèce distincte, ou au moins une variété très-remarquable du *S. sedoïdes*. La 2.ᵉ fig. donnée par Séguier (III. T. 5. f. 3) y a plus de rapports qu'avec le véritable *sedoïdes*, dont les feuilles inférieures sont spatulées; mais elle n'est pas assez rameuse.

Le comte de Sternberg, dans sa revue des Saxifrages (p. 27), cite, pour le *S. sedoïdes*, les figures de Scopoli (T. 15) et de Séguier (III. T. 5. f. 3) comme bonnes, et celle de Séguier (I. T. 9. f. 3) comme très-mauvaise; et à la page suivante, il réunit au *S. planifolia*, comme var. γ, le *S. Seguierii*, établi par Sprengel sur cette dernière figure. J'ai dit en quoi la plante de Sprengel diffère du *planifolia*.

En resumé, je regarde la plante de Séguier (I. T. 9. f. 3), ou le *S. Seguierii* de Sprengel, comme le véritable *S. sedoïdes* de Linné, et non pas même comme une variété ainsi que le veut M. Moretti dans son Essai de monographie des espèces de Saxifrages indigènes à l'Italie (1). Elle ressemble moins au *S. planifolia*, dont de Candolle, Steudel et autres

---

(1) « M. Moretti.... semble porté à regarder le *S. Seguierii* de Sprengel comme une simple variété du *S. sedoïdes* de Linné. » (Bullet. des Sc. nat. VI. p. 218); sans doute parce qu'il prend le *S. trichodes* pour le *sedoïdes*.

la rapprochent aussi, qu'au *S. androsacea*, auquel Poiret la
compare avec raison, mais dont elle diffère suffisamment
par ses pétales jaunes, à peine de la longueur du calice.

———————

XXXVII. Les avis sont extrêmement partagés relativement
au *Saxifraga moschata*. Il diffère du *muscoïdes*, selon Wulfen qui en est l'inventeur, « *odore præsertim et viscosi-*
« *tate* » (Wulf. in Jacq. misc. II. 128); selon M. de Seer-
rus (Beschreib. ein. alpenreis.), par sa tige plus haute et plus
rameuse, et par les feuilles qui accompagnent ses pédoncules,
qui sont trifides, tandis qu'elles sont toujours entières dans
le *muscoïdes* (1); selon Hegetschweiler (Reis. p. 172),
« *floribus capitato-corymbosis* (2) »; selon Lapeyrouse, il
s'en distingue surtout par ses pétales elliptiques, carinés,
plus longs et plus larges que les divisions du calice. Smith
(brit. II. 456) regarde la fig. de Jacquin (l. c. T. 21. f.
21) comme douteuse, et préfère celle de Haller (opusc. It.
helv. T. 1.), qui appartient plutôt au *muscoïdes* (3). M. de
Sternberg (Revis. saxif. p. 41) cite comme synonyme du *S.
moschata*, le *S. exarata* d'Allioni (ped. n.° 1539. T. 88. f.
2.); il en dit, il est vrai, la fig. médiocre. Cette opinion a été
suivie par M. Loiseleur (fl. gall. ed. 2. I. 301): mais la
plante d'Allioni, que je possède, est toute différente, et a

(1) « *Der so eben beschriebene Steinbrecht* (*S. moschata*)
« *unterscheidet sich von dem ersteren* (*S. muscoïdes*) *vorzüglich*
« *durch einen græsseren und æstigeren Wuchs, und durch die*
« *Blætter des Blüthenstieles, welche an diesem jederzeit drei-*
« *spaltig, an dem ersteren aber jederzeit ungetheilt sind.* » Seen.
l. c. in Hoppe bot. Taschenb. 1801. p. 38. Mais dans la description
latine (p. 37), M. de Seerus avait dit en parlant des feuilles pédon-
culaires du *S. moschata* : « *integris trifidisve* ».

(2) Il en fait la var. *a capitata* du *S. muscoïdes*.

(3) La plante de Haller est pour Hegetschweiler la var. *b de-
bilis* du *S. muscoïdes* (Reis. l. c.).

plus de rapports avec l'*exarata* de Villars qu'avec le *mus-coïdes*; il en sera question dans l'article suivant. Enfin, Thomas (pl. exs.) donne pour le *moschata* une autre plante d'Allioni, son *muscoïdes* ou le *planifolia* de Lapeyrouse.

La plante que je regarde comme le *S. moschata* se rencontre dans les Pyrénées, mais dans des expositions plus élevées et plus méridionales que le *muscoïdes* : je l'ai cueillie en haut du Port de Bénasque, du côté de l'Espagne. Elle diffère de son congénère par les poils visqueux qui la couvrent, par l'odeur de sarriette qu'ils exhalent, et par ses pétales qui dépassent un peu le calice ; mais ce n'en est qu'une variété (1).

On reconnaît le *S. muscoïdes* à ses pétales linéaires de la longueur des sépales, d'un jaune verdâtre souvent rayé longitudinalement de pourpre, qui le distinguent du *S. planifolia* avec lequel on le confond (2), et dont les pétales, plus grands que le calice, sont ovales et d'un jaune prononcé. Le *planifolia* est presque toujours uniflore, tandis que le *muscoïdes* est ordinairement multiflore.

Nous avons aussi rapporté des Pyrénées quelques unes des des nombreuses hybrides qui se forment aux dépens des *S. muscoïdes* et *groenlandica*, et qui ont été signalées par M. Bentham dans son Catalogue des plantes des Pyrénées, p. 118. Quelques unes ont été prises pour le *S. moschata*.

XXXVIII. Parmi les Saxifrages à feuilles radicales palmées, marquées de nervures longitudinales saillantes, et à

(1) M. Bentham (cat. des pl. des Pyr.) ne regarde le *S. moschata* de Wulfen et de Lapeyrouse que comme un simple synonyme du *muscoïdes*. Il a vu dans l'herbier de Lapeyrouse du *S. pubescens* mêlé avec son *moschata*, ce qui explique pourquoi la figure de la Flore des Pyrénées représente la fleur si grande et les pétales si arrondis.

(2) Hegetschweiler fait du *planifolia* la var. *d uniflora* du *S. muscoïdes* (Reis. p. 173).

fleurs plus ou moins blanches, auxquelles beaucoup de botanistes sont tentés d'appliquer le nom de *S. exarata*, il faut reconnaître des fleurs de deux sortes : les unes ont les pétales elliptiques ou arrondis, et le calice hémisphérique à divisions courtes; les autres ont les pétales obovales, munis d'un onglet fort long, et le calice tubulé à divisions alongées. A la première section se rapportent les *S. exarata*, *nervosa*, *intricata*, *pentadactylis* et *decipiens*; à la seconde les *S. geranoïdes*, *ladanifera* et *pedemontana*. D'après ce qui précède, quoique les *S. pentadactylis* et *ladanifera* aient les feuilles assez semblables, il n'est pas possible de les confondre; il en est de même de l'*exarata* et du *pedemontana*, du *decipiens* et du *geranoïdes*. Mais lorsqu'on veut séparer les espèces de ces deux divisions, on éprouve beaucoup plus de difficultés, et on serait presque tenté de regarder quelques unes des plantes qui forment chacune d'elles, comme des variétés de la même espèce.

Cependant toutes les plantes de la première division n'ont pas les pétales d'un blanc pur: deux d'entr'elles les ont jaunâtres et alongés; tels sont les *S. exarata* de Villars et d'Allioni, dont le premier ne me paraît différer du second que par ses feuilles ligulées, c'est-à-dire diminuées en long pétiole, tandis qu'elles sont courtes et à peu près triangulaires dans le second, dont M. Gaudin a fait le *S. Allionii*. Ces plantes rapprochent cette section du *S. muscoïdes*, surtout la dernière, que M. Loiseleur cite même, d'après Sternberg, comme synonyme de son *S. moschata*. Les autres espèces de cette section ont les pétales plus larges et plus blancs; tels sont les *S. nervosa*, *intricata*, *pentadactylis*, *hypnoïdes* et *decipiens*. Je suis du sentiment de M. de Candolle contre Lapeyrouse : je réunirais plutôt le *S. intricata* au *nervosa* (1) qu'à l'exa-

---

(1) M. Bentham ne distingue pas le *nervosa* de l'*intricata*, et, effectivement, je ne vois pas moyen de le faire d'une manière solide.— M. Hegetschweiler (Reis. p. 169) établit, sous le nom de *S. cœs-*

rata, dont ils diffèrent tous deux par les pétales. Le *S. pen-tadactylis* s'en distingue aux lobes de ses feuilles plus étroits, à la rigidité de toutes ses parties, et à ses fleurs un peu plus petites; le *S. hypnoïdes* à ses bourgeons bulbiformes et axillaires, et le *S. decipiens* (*palmata* SMITH) à ses feuilles et à ses fleurs plus larges (1).

Parmi les espèces de la seconde division, le *S. geranoïdes* (2) se reconnaît par ses feuilles réniformes à lobes plus ou moins arrondis et découpés; le *S. ladanifera* par ses lobes entiers et linéaires. Le *pedatifida*, qu'on réunit à ce dernier comme variété, en diffère par les divisions du calice plus longues, plutôt que par une moindre quantité de glandes visqueuses; car le *ladanifera* en a souvent fort peu. Je ne connais le *pedatifida* que de la Lozère; c'est le *S. geranoides*, *var.* de DE CANDOLLE, suppl. Quant à la plante de Corse, que M. DUBY y réunit et que VIVIANI décrit sous le nom de *S. cer-*

pitosa, une espèce composée d'éléments bien hétérogènes. Il la divise en 3 sections : la première (*elatiores*, ou à rameaux stériles) renferme 3 variétés : α *maxima* est le *S. exarata* VILL.; il y joint le *S. Allionii* de THOMAS, que ce dernier m'a envoyé et qui, quoiqu'en dise M. H., est bien le même que celui de GAUDIN.—β *digitata*; c'est le *S. digitata* SCHLEICH., dont j'ai un échantillon authentique, et qui a plus de rapports avec le *pentadactylis*.—γ *linearis*; M. H. cite ici les *S. leucantha* et *nervosa* SCHLEICH., qui diffèrent beaucoup de l'*exarata*. La 2.ᵉ section (*convergentes*, ou à feuilles en rosettes) est aussi formée de 3 variétés : α *capitato—corymbosa*; c'est le *S. exarata* d'ALLIONI, ou *S. Allionii* de GAUDIN (et de THOMAS). M. H. y joint à tort le *S. pedemontana*, qui appartient à ma seconde division.—β *rubens* et γ *pauciflora*, que je ne connais pas. Il en est de même de la troisième section, qui ne renferme qu'une seule variété: *acaulis*, dont la tige est à peine aussi longue que les feuilles.

(1) Le *S. Sternbergii* en est très-voisin, mais dans de plus grandes proportions.

(2) Le *S. Lapeyrousii* (*palmata* LAP. non SMITH.), que je ne connais pas, est de cette division. Il ressemble, dit-on, beaucoup au *gera-noïdes*, dont il diffère par sa taille plus petite, et surtout par ses feuilles sans nervures.

bicornis, elle appartient plutôt au *ladanifera* , selon M. Balbis. Effectivement, elle a les divisions du calice plus courtes;
elle est moins élevée. Les échantillons sont de deux sortes :
les uns ont les feuilles radicales ligulées ou pétiolées; les autres les ont triangulaires et sessiles (1). M. Soleirol, de qui
je les tiens (2), croit qu'ils appartiennent à la même espèce,
et il se fonde sur les nombreux intermédiaires qu'il a rencontrés (Sol. in litt.). Si cela était reconnu, non seulement
Allioni aurait eu raison de rapporter son *S. exarata* (*S. Allionii* Gaud.) à celui de Villars; mais on serait forcé de réunir beaucoup d'espèces de ce genre, qu'on regarde comme
distinctes. Quant au *S. pedemontana*, qui ne croît pas dans
la France actuelle, il se distingue du *geranoïdes* par ses feuilles à limbe triangulaire, à divisions peu profondes, et atténuées en long pétiole.

XXXIX. Moi qui ai vu en place les *Saxifraga umbrosa
hirsuta et geum*, j'ai bien de la peine à ne pas confondre les
deux premiers; mais jamais je ne serai tenté de réunir les
deux derniers. Si M. Duby avait plus consulté ses souvenirs
que son herbier, il n'aurait pas fait du *S. geum* une variété
de l'*hirsuta*. En effet, les *S. umbrosa* et *hirsuta* ne diffèrent
que parce que, dans le premier, la feuille n'a pas de pétiole
proprement dit, ou, du moins, son limbe s'atténue en un pétiole court; dans le second, le limbe est arrondi ou quelquefois cordiforme, et le pétiole le surpasse une fois environ
en longueur. Mais j'ai rencontré tant d'intermédiaires entre
ces deux plantes, que je ne les regarderais tout au plus que
comme des variétés l'une de l'autre (3). Dans toutes les deux,

(1) M. de Pouzolz a envoyé de ces derniers échantillons à M.
Monnier sous le nom de *S. Candollii* Salzm.

(2) Ce sont ses n.°° 1755 A et B.

(3) C'est à peu près l'opinion de Lapeyrouse. On lit dans la Flore

les feuilles sont cartilagineuses, d'un tissu épais et de couleur
glaucescente, tout-à-fait analogue à celui des plantes grasses.
Dans le *S. geum*, dont la feuille a, j'en conviens, la forme de
celle de l'*hirsuta* le mieux prononcé, la couleur est plus sombre,
et la consistance, plus aqueuse, est celle des *Chrysosplenium*.

XL. Quatre plantes ont été confondues sous les noms de
Laserpitium trilobum et *aquilegifolium*. Elles appartiennent
à deux genres différents : l'une est un *Siler*, les trois autres
sont de véritables *Laserpitium*.

La première est le *Laserpitium aquilegifolium* de JAC-
QUIN (austr. II. 29. T. 147). Son fruit n'a pas les 8 aîles
membraneuses des *Laserpitium*, ce qui avait engagé LAMARCK
(fl. fr. III. 452) à en faire un *Angelica*, d'après TOURNE-
FORT; mais le fruit des Angéliques a des aîles marginales, qui
manquent au fruit de notre plante. Dans celui-ci, ce sont
les côtes principales (*juga primaria*) qui sont les plus fortes; dans les *Laserpitium*, au contraire, ce sont les côtes
accessoires (*juga secundaria*) qui s'élèvent en manière d'aîles :
aussi ce dernier genre n'a-t-il que 8 aîles, tandis qu'il y a
10 côtes fortes dans le prétendu *Laserpitium* de JACQUIN.
C'est donc avec raison que CRANTZ (austr. 186), et ensuite
SCOPOLI (carn. I. 217) et GÆRTNER (fruct. I. 92), ont établi
pour cette plante le genre *Siler*, d'après MORISON et RIVIN.
Quoique le nom de CRANTZ et de SCOPOLI (*S. trilobum*) soit
le plus ancien, j'adopte, avec SPRENGEL (umb. 88), celui de
GÆRTNER (*S. aquilegifolium*), parce qu'il rappelle le nom
de JACQUIN, qui appartient, sans aucun doute, à la plante
dont il est question (1). Cette plante est très-certainement

des Pyrénées (p. 46) : « J'ai sur cette espèce (*S. hirsuta*) des doutes
« que la culture n'a pas dissipés. Son nom spécifique conviendrait
« mieux à la suivante (*S. geum*), de laquelle elle se rapproche bien
« moins que de l'*umbrosa*, quoiqu'en dise LINNÆUS. »

(1) Il y a bien quelque chose à redire dans la description que fait

française : elle croît à Nancy, à Metz, et probablement dans d'autres localités. Ses feuilles sont bien désignées par l'épithète *aquilegifolium*, car les découpures sont arrondies et munies de crénelures et non de dents.

La seconde plante est le *Laserpitium trilobum* de Crantz (fasc. III. 187. in obs. I.) (1). Il a été fort bien décrit et

Jacquin du fruit de son *L. aquilegifolium*; voici comme il s'exprime (l. c. p. 30): « *Fructus... in semina bina dispescitur... hinc pla-* « *na, indè convexa alisque membranaceis brevibus et pallidioribus* « *quinis instructa cum interjectis alternantibus quatuor aliis an-* « *gustioribus.* » Il est clair, d'abord, qu'il n'a donné des ailes à ce fruit que parce qu'il rapportait sa plante au genre *Laserpitium* qui doit en avoir; mais la description prouve que ce qu'il appelle ainsi sont les côtes principales, et que par conséquent la détermination générique est mauvaise. Ce qui est plus difficile à expliquer, c'est le mot *brevibus* par lequel il désigne ces ailes ou côtes, qui sont cependant les plus longues; mais le dessin rectifie ce que la description a de fautif, et les deux figures séparées, qui représentent la semence, ne laissent aucun doute à cet égard.

(1) On lit dans Rœmer et Schultes (syst. VI. 619) : « *Laserpi-* « *tium trilobum* Crantz *esse omninò L. aquilegifolium* Jacq. *monet* « Wulfen *in* Rœm. *Arch.* (*III*) 348, *quod sanè distinctum ab al-* « *pino* Waldst. *et* Kit. » Je n'ai pu consulter le Mémoire de Wulfen; mais il y a ici une erreur manifeste. Si Wulfen avait parlé du *Siler trilobum* de Crantz, je tomberais d'accord avec lui. Voici ce que ce dernier dit (l. c.) des deux plantes en litige : « *Planta nos-* « *tra Siler trilobum folia habet triloba, incisa : semen non La-* « *serpitii alatum molendinaceum, sed exactissimè S. mòntani (Las.* « *sileris); vide umbelliferarum T.* 1. *n.° 7. Illa verò, quæ nomine* « *Laserpitii trilobi inscripta est in herb. Krapffiano, et foliis est* « *trilobis, incisis, et semine margine alato leviter crispo, ut se-* « *men Selini sylvestris (Angelicæ sylvestris), quod T.* 1. *n.° 3 in* « *medium trium positum est, satis referat; quanquam verò solùm* « *dorso costatum deprehendatur, molendinaceum futurum esse,* « *ut in selinoïde (L. prutenico) fieri paulò antè (p.* 188) *monui,* « *præcidetur.* » On voit que Crantz a répondu d'avance à l'observation de Wulfen. Quant à sa description, je l'ai vérifiée sur l'échantillon de M. Nestler : elle est parfaite. Les ailes du fruit sont d'abord nulles ou presque nulles, et ne se développent que dans la suite de sa croissance, les externes les premières, et les internes après. Enfin, tout ce qu'il dit de la plante convient tellement au *L. alpinum*, qu'il n'est pas permis de douter qu'il ne soit question de cette espèce.

figuré par Waldstein et Kitaibel sous le nom de *L. alpinum* (pl. rar. hung. III. 281. T. 253), et c'est le nom adopté maintenant, afin d'éviter toute confusion. J'en ai vu, dans l'herbier de M. Nestler, un échantillon cueilli par Villars près de Rheinau ou Reichenau en Suisse, et étiqueté de sa main *L. trilobum* (voy. Vill. voyag. 17); il est parfaitement conforme à la fig. citée, excepté que dans celle-ci les folioles ne sont pas toutes à 3 lobes comme dans l'échantillon. Le *L. alpinum* diffère suffisamment du *S. aquilegifolium* par son fruit, qui est bien celui d'un *Laserpitium* (voy. la note précédente), et par les dents de ses feuilles qui sont pointues.

La troisième plante est le *Laserpitium foliis imis rotundè lobatis, vaginalibus linearibus trifidis* de Haller (helv. n.° 793), qu'il confondait avec le précédent, et que Lachenal (obs. nonnull. bot. in Act. helv. VIII. 145) veut réunir au *L. latifolium* comme variété. Effectivement, ses feuilles inférieures ressemblent un peu à celles de cette dernière espèce; mais il en diffère par la découpure de ses folioles. Il diffère du *L. alpinum* parce que chacun des trois pétioles secondaires de ses feuilles inférieures porte cinq folioles au lieu de trois. Ses fleurs, qui sont jaunes, servent aussi à le distinguer de toutes les espèces avec lesquelles on pourrait le confondre. Les feuilles supérieures sont, ainsi que le dit Haller, assez semblables à celles du *L. siler:* les plus rapprochées des fleurs n'ont qu'une à trois folioles au haut des gaînes ; nous reviendrons sur ce caractère. Ayant reçu de Schleicher cette plante sous le nom de *L. aquilegifolium*, je l'avais reconnue pour l'espèce de Haller, et je me proposais de la décrire comme nouvelle, lorsque j'ai lu dans le Bulletin des Sciences naturelles (IX. p. 190) que cette plante a été signalée par M. Gaudin, dans le 3.ᵉ vol. du Manuel du voyageur en Suisse, p. 162, comme différente du *L. trilobum*, et qu'elle a été décrite par M. Moretti, dans le n.° 3 de son *Botanico italiano*, sous le nom de *L. Gaudinii.* M. le baron de Férussac

a bien voulu me faire copier l'article dans le Recueil périodique qui contient le travail de M. Moretti (1), et j'adopte
le nom de *L. Gaudinii* pour désigner le n.° 793 de Haller.

(1) Comme ce Journal est peu répandu en France, nous croyons
utile de transcrire ici l'article concernant la plante qui nous occupe.
L. (Gaudinii Morett.) foliis biternatis nitidis, foliolis ovatis
« *obtusis subtrilobis crenatis: floribus luteis; alis fructuum pla-*
« *nis. L. Gaudinii* Morett. in Comol. com. prodr. 52. n.° 344. *L. tri-*
« *lobum* Sut. helv. I. 163 (*non di Linneo). Siler aquilegiæ folio*
« Hall. emend et auctar. ad en. stirp. helv. in Act. helv. V. 76. n.°
« 204. *Laserpitium n.° 793* Hall. hist. I. 252 (*esclusi tutti i sino-*
« *nimi).—Fusto ramoso alto da due a quattro piedi, rotondo,*
« *liscio, leggermente striato, superiormente glauco o pruinoso.*
« *Foglie cauline inferiori picciolate vaginate alla base due volte*
« *ternate con foglioline ovali-rotondate, leggermente trilobate, ot-*
« *tuse, glabre, sopra di un verde lucido, di sotto glauco-biancas-*
« *tre alquanto rassomiglianti a quelle dell' Angelica verticillaris,*
« *se non che più ottuse), dentato-seghetate, coi denti acuti e spun-*
« *tonati, leggermente cordate alla base, l'ultima delle quali è più*
« *profondamente trilobata. Le superiori sessili grandemente va-*
« *ginate, simplicemente ternate con foglioline trilobate, e coi lobi*
« *intieri lineari-lanceolati, acuti. Ombrelle irregolari in numero*
« *di quattro a cinque, peduncolate, terminali e laterali, ascellari,*
« *alterne, di diciotto a ventidue raggi e più, con invoglj univer-*
« *sali e particolari di dieci a dodici foglioline lineari-lanceolati,*
« *acute intiere membranose e caduche. Petali piccoli gialli, con*
« *una simplice nervatura nel mezzo. Antere di color giallo aureo.*
« *Frutto ovale-rotondato un po' compresso, e colle ali quasi pia-*
« *ne. — Cresce in buon dato sopra diversi monti del Lago di Co-*
« *mo; particolarmente sul monte Generoso, sui corni di Canzo,*
« *sulla Grigna e sul Resegone di Lecco.—Il celebre* Haller *tenne*
« *questo per il Laserpitium trilobum di* Linné: *ma la pianta del*
« *monte Gargano, che il botanico svedese ci diede sotto un tal no-*
« *me, come dimostrerò in altro luogo, è una specie da questa*
« *del tutto diversa. Io aveva riconosciuta cotal differenza fino*
« *dal 1813; ma siccome* Gaudin *fu il primo a pubblicare un cenno*
« *sulla novità di essa specie nella traduzione francese del* Manuel
« du Voyageur en Suisse, *vol. 3, p.* 162 ; *cosi mi sono fatto un do-*
« *vere d'imporgli il nome specifico di questo rispettabile e dotto*
« *botanico svizzero.* » Morett. bot. ital. n.° 3, in giorn. di fis. e
chim. di Pavia, II. bim. 1826. p. 238.

Cette espèce diffère du *Siler aquilegifolium* par ses fruits ailés et par ses folioles ovales (1).

La quatrième plante, enfin, croît dans la Lozère, d'où M. PROST l'a envoyée au docteur MOUGEOT, qui m'en a fait part. C'est elle qui est décrite par M. DE CANDOLLE (fl. fr. suppl. 510) sous le nom de *Laserpitium aquilegifolium*, peut-être confondue avec le *L. trilobum*. Mais M. NESTLER, qui possède les deux espèces, les avait fort bien distinguées, et avait désigné dans son herbier celle de la Lozère sous le nom de *L. cuneifolium*. Je me serais fait un devoir d'adopter cette dénomination, si je n'avais craint qu'elle ne devînt une cause d'erreurs : en effet, ce ne sont que les segments des folioles qui sont atténués à la base, et ce caractère se présente dans les quatre espèces ; il est seulement beaucoup plus commun dans celle-ci, parce que les feuilles sont plus décomposées. Je propose donc de l'appeler *L. Nestleri*, en l'honneur de notre savant professeur de Strasbourg. Il diffère du *S. aquilegifolium* par son fruit et par les dents pointues de ses feuilles, du *L. alpinum* par ses feuilles décomposées, et du *Gaudinii* par fleurs blanches et la forme de ses folioles.

Jusqu'à présent, j'ai évité de parler de LINNÉ; je vais rechercher, parmi les quatre espèces que je viens d'énumérer,

(1) Depuis que j'ai écrit cet article, j'ai trouvé la même plante décrite dans le *Flora helvetica* de M. GAUDIN (II. 348) sous le nom de *L. luteolum*; mais celui de M. MORETTI étant le plus ancien (le *Fl. helv.* est de 1828), doit être adopté, selon les lois de la botanique. Voici la phrase spécifique de M. GAUDIN : « *L. (luteolum N.) foliis* « *subtripinnatis, foliolis rotundè 2-3-lobatis, acutè inciso-serra-* « *tis : caulinis summis lineari-lanceolatis tripartitis.* » Suivent une description et des observations. Ce que j'y lis (obs. II. p. 349): « *Ob carpella, ut videtur, eximiè alata quidem minùs benè cum* « *L. trilobo* LINN. *quam cum L. aquilegifolio* JACQ. *consociatur....* « *Vix tamen nostram speciem ad L. aquilegifolium* JACQ..... « *referre vellem.* », me prouve que M. GAUDIN regarde le *L. trilo-bum* de LINNÉ comme notre *S. aquilegifolium*; mais qu'il ne connaît pas le *L. aquilegifolium* de JACQUIN, et qu'il a été trompé par les prétendues ailes que ce botaniste donne au fruit de sa plante.

les plantes décrites dans le *Species* et dans le *Systema vegetabilium*.

On ne trouve dans le *Species* qu'un *L. trilobum*, désigné
par cette phrase insignifiante : « *foliolis trilobis incisis* ». Les
synonymes cités, savoir : *Libanotis latifolia aquilegiæ folio*
C. Bauh. (prod. 83. pin. 157), *Angelica foliis tripartitis lobis
supernè incisis obtusis* Roy. (lugdb. 104), *Ligusticum Rauwolfii foliis aquilegiæ* J. Bauh. (hist. III. 148), et la fig. de
Plukenet (phyt. T. 223. f. 7) ; tous ces synonymes, dis-je,
appartiennent évidemment au *S. aquilegifolium*. J. Bauhin
décrit fort bien la plante, et sur-tout son fruit, qu'il appelle
« *semen striatum* (1) ». La fig. de Plukenet n'est pas mauvaise : il a établi sa plante d'après le *Siler aquilegiæ foliis* de
Morison (umbell. 8), que celui-ci a donné de nouveau dans
son grand ouvrage (oxon. II. 276. sect. 9. T. 3. f. 3), où il
décrit également bien notre *Siler* ; seulement la fig., qui est copiée
de Plukenet, mais mal copiée, représente les dents des folioles trop pointues, et la feuille ressemble plutôt à celle de
notre *L. Nestleri*, auquel j'appliquerais cette figure, si ce
n'était le fruit. Enfin, rien ne s'oppose à ce que nous rappor-
tions le *L. trilobum* de Linné au *S. aquilegifolium*, et c'est
ce qu'a fait Crantz (l. c. p. 187), qui dit : « *Constat L.
« trilobum* Linn. *semine alato molendinaceo non instrui, et
« idem hocce Laserpitium verum Siler esse, et quidem nos-
« trum Siler trilobum.* » C'est aussi l'opinion de Scopoli, de
Reichard, de Lamarck, de Gærtner, de Duby, etc.

Dans le *Systema vegetabilium*, Murray, après avoir inscrit
le *L. trilobum*, ajoute à la phrase spécifique : « *Huic foliola
« basi cordata et acutè serrata, ut igitur omninò distingui
« debeat à L. subsequente* ». Le *Laserpitium* suivant est précisément le *L.* (*aquilegifolium*) *foliolis obtusis basi ovatis*

___

(1) Il qualifie de *foliaceum* le fruit des véritables *Laserpitium*,
tel que le *gallicum* (l. c. p. 137).

lobatis, que Murray donne d'après Jacquin. Or, ce *L. aquilegifolium*, dont Jacquin dit expressément : « *Diversa est
planta à L. trilobo* Linn. », est sans aucun doute le *S. aquilegifolium;* le *L. trilobum* de Linné en différerait donc, et
devrait être rapporté au *L. alpinum;* mais il faudrait alors en
exclure tous les synonymes, qui appartiennent au *Siler*. J'avais
envoyé à Smith la plante de Nancy, en janvier 1828; elle
devait lui être remise par notre vice-consul à Londres, M. C.
Moreau. Malheureusement, Smith était alors en voyage dans
l'intérieur de l'Angleterre, et plus malheureusement encore, la
mort l'a frappé quelque temps après. On m'a promis, depuis,
confrontation de ma plante avec l'herbier de Linné, lorsque
cela sera possible; cette confrontation seule pourra nous
apprendre si le *L. trilobum* Linn. est, comme je le crois, le
S. aquilegifolium. Gærtner (l. c.) cite les deux *Laserpitium*
du *Systema* comme synonymes de son *S. aquilegifolium;*
mais quand même le *L. trilobum* de Murray différerait de son
aquilegifolium, ce ne serait pas une raison pour que celui de
Linné n'appartînt pas au *Siler*, ainsi que l'indique les synonymes qu'il cite.

M. de Candolle (Fl. fr.) décrit deux de nos plantes. Son
Angelica aquilegifolia (IV. 306 et suppl. 508) est notre *S.
aquilegifolium;* ses synonymes sont bons, excepté celui de
Haller qu'il faut exclure. Son *L. aquilegifolium* (suppl. 510)
est notre *L. Nestleri*, comme le prouve surtout la description
de la feuille : mais il faut en exclure tous les synonymes, et
observer que le fruit n'a jamais que 8 aîles membraneuses, et
que la colerette générale se réduit souvent à une seule foliole,
qui manque encore quelquefois; enfin que la feuille n'est pas
toujours glabre. Je remarquerai encore, relativement aux synonymes qu'il cite, que ceux de Murray, de Jacquin, de
Willdenow, de Persoon (dont il ne faut pas exclure le syn.
de Gærtner) et de Crantz, appartiennent évidemment à son
Angelica aquilegifolia; et que, quant à ceux de Gouan et de

Magnol, je les y rapporterais aussi sans aucun doute, d'après leurs propres synonymes, si M. de Candolle n'avait habité Montpellier, où il a cultivé la plante dans le Jardin de botanique (voy. de C. cat. pl. hort. bot. monsp. p. 37), et si je pouvais supposer qu'il ait confondu le fruit d'un *Siler* avec celui d'un *Laserpitium* (1). De toutes les localités qu'il indique, je ne connais que la plante de la Lozère.

Afin de résumer les observations précédentes, je vais présenter la synonymie de nos quatre espèces, et j'y joindrai une description suffisante pour les distinguer.

1. *Siler* (*aquilegifolium* Gærtn.) *foliis decompositis, foliolis subrotundis basi cordatis, obtusis, trilobis, crenato-mucronulatis, glabris, subtus glaucis; floribus albidis (fructibus 10-costatis). Seseli æthiopici aliud genus.* Clus. hist. cxcv. *Libanotis latifolia aquilegiæ folio* C. Bauh. prodr. 83. pin. 157. Magn. bot. 301? *Ligusticum Rauwolfii foliis aquilegiæ* J. Bauh. hist. III. 148. *Siler aquilegiæ foliis* Moris. umb. 8. Pluk. alm. 346. Moris. oxon. II. 276. *Angelica montana perennis aquilegiæ folio* Tourn. inst. 313. *A. foliolis tripartitis, lobis supernè incisis obtusis* Roy. lugdb. 104. *A. foliis tripartitis* Gmel. sib. I. 193. *Laserpitium trilobum* Linn. sp. 357. Jacq. en. vindob. 48. Gouan. monsp. 218? Gér. prov. 246? Pers. ench. I. 312. *Siler trilobum* Crantz. austr. 186. Scop. carn. I. 217 (excl. syn. Hall.). Roem. et Sch. syst. VI. 449 (excl. syn. de C. *L. aquilegifolium*). Duby. bot. I. 218. *Laserpitium aquilegifolium* Jacq. austr. II. 29. Murr. syst. (ed. 14) 281. Mill. dict. (ed. fr.) suppl. II. 8. Willd. sp. I. 1415. Pers. l. c. Willd. en. I. 310. Lapeyr. abr. 151 et suppl. 42. Poir. dict. suppl. III. 305. Host. austr. I. 370. *Angelica aquilegifolia* Lam. fl. fr. III. 452. dict. I. 173 (excl. syn. Hall.). de C. fl. fr. IV. 306 et

____

(1) Au reste. Gouan cite deux espèces, un *L. aquilegifolium* p. 184, et un *L. trilobum* p. 190 de ses Herborisations aux environs de Montpellier.

suppl. 5o8 (excl. syn. Hall.). *Siler aquilegifolium* Gærtn. fruct. I. 92 (excl. syn. Hall.). Spreng. umb. 88. Link. en. I. 277. Spreng. syst. I. 893. Benth. cat. 122. Mert. et Koch. deutsch. II. 368 (excl. syn. de C. (1)). Lois. gall. (ed. 2). I. 189 (2).—*Icon.* J. Bauh. l. c. (mal.). Pluk. phyt. T. 223. f. 7 (mediocr.). Moris. sect. 9. T. 3. f. 3 (mal.). Jacq. l. c. T. 247 (opt.). Gærtn. l. c. T. 22. f. 1 (fruct.).— Tige rameuse de 4 à 6 pieds, striée, garnie au collet des débris des anciennes feuilles. Feuilles inférieures amples, décomposées, à folioles cordées, arrondies, obtuses, à 3 lobes plus ou moins profonds (celles de l'extrémité souvent divisées jusqu'au pétiole et à segment du milieu cunéiforme et trilobé), entières dans leur moitié inférieure, crénelées-mucronées dans le reste, glabres (subglabres Jacq.), glauques en dessous; les caulinaires de même forme, mais moins divisées (celles du milieu ordinairement biternées, les supérieures simples). Ombelle de 12 à 24 rayons. Involucre nul, ou à une ou deux folioles ovales acuminées. Involucelle à 6 folioles de même forme, souvent caduques. Fleurs blanchâtres. Fruit strié, à 10 côtes principales, nullement ailé. Hab. les bois des collines calcaires (Nancy! Metz! Vienne en Autriche! (3)).

(1) Ce synonyme n'est indiqué que par *lapsus calami*, au lieu de l'*Angelica aquilegifolia*.

(2) Les autres synonymes cités, et que je n'ai pu vérifier, sont, par Scopoli : *Angelica foliis tripartitis* Gronov. orient. 85. *Siler foliis aquilegiæ* Rivin. pentap. T. 64 ; par Willdenow: *L. aquilegifolium* Host. syn. 152; par Sprengel : *Seseli æthiopicum alterum* Camer. hort. 195. *S. trilobum* Roru. germ. II. 2. 325. *L. aquilegifolium* Bieb. taur. cauc. I. 221. *S. aquilegifolium* Baumg. trans. I. 228; par Roemer et Schultes : *L. aquilegifolium* Wulf. ap. Roem. arch III. 349. *S. aquilegifolium* Bieb. l. c. suppl. 221; par Duby : *S. trilobum* Koch. umb. 84. f. 34 et 35.; par Mertens et Koch : *Physospermum commutatum* Vest. bot. zeit. Jahrg. IV. I. 156.

(3) La localité indiquée par Linné (le Mont Gargano) appartient à

2. *Laserpitium* (*alpinum* WALDS. et KIT.) *foliis biterna-*
tis, foliolis rotundo-ovatis. plerisque basi cordatis vel tan-
tùm ovatis, trilobis vel integris, dentato-mucronulatis, mar-
gine scabris; floribus albis (fructibus maturis 8-alatis). Laserpitium trilobum CRANTZ. l. c. 187. MURR. l. c. WILLD. l. c.
(excl. syn. omn.). VILL. voy. 17. LAPEYR. abr. 151? SPRENG.
umb. 38. ROEM. et SCH. l. c. 618. SPRENG. syst. I. 918.
BENTH. l. c. 93? LOIS. l. c. 201. *L. alpinum* WALDS. et KIT.
rar. hung. III. 281. MERT. et KOCH. l. c. 354 (excl. syn. DE
C.). HOST. l. c. 371 (1). —*Icon.* WALDS. et KIT. l. c. T.
253. —Tige simple (rarement à deux ombelles) de 12 à 16
pouces, cylindrique, garnie au collet des débris des pétioles.
Feuilles inférieures biternées, à folioles cordées et quelquefois
ovales, pointues, entières ou à 3 lobes, souvent divisées très-
profondément, dentées-mucronées, glabres en dessus, moins
colorées et hérissées sur les nervures en dessous; les caulinaires
de même forme, mais moins divisées (2). Ombelle de 14 à 20
rayons. Involucres de 6 à 8 folioles lancéolées-linéaires, su-
bulées, caduques. Involucelles à 6 folioles sétacées. Fleurs
blanches. Fruit à 8 ailes membraneuses (voy. la note de la p.
77). Hab. les forêts des montagnes alpines. (La Suisse! la
Hongrie (W. et K.). Les Alpes françaises? les Pyrénées?).

ce genre de terrains: car, quoique ce groupe de montagnes, qui couvre une surface de 80 lieues, offre quelques sommets remarquables
(le mont Calvo a 828 toises au-dessus du niveau de la mer), il consiste en calcaire secondaire de différentes époques, et renferme des
vallées considérables (voy. Dict. géogr. univ. IV (1828). 259). D'ailleurs LINNÉ parait n'avoir cité cette localité que d'après MORISON,
et celui-ci n'en était pas très-certain; car il dit seulement: « *In*
« *monte Gargano Apuliæ nasci dicitur.* » (OXON. II. 276).

(1) Les autres synonymes cités sont, par SPRENGEL : *L. carniolicum*
BERNH. in litt. *L. alpinum* BESS. gall. II. 393. SCHULT. œstr. I. 480.
S. alpinum BAUMG. trans. I. 229.

(2) Dans l'échantillon de M. NESTLER, les supérieures ont la gaine
surmontée de trois folioles sessiles, lancéolées-linéaires, entières, ou
les deux latérales bifides.

3. L. (*Gaudinii* Moret.) *foliis decompositis, foliolis ovatis, basi cordatis, obtusiusculis, trilobis vel subintegris, duplicato-serratis, serraturis mucronulatis; floribus luteis (fructibus 8-alatis).* Laserpitium *foliis imis rotundè lobatis, vaginalibus linearibus trifidis* Hall. helv. n.° 793 (excl. syn. omn.). *L. latifolium*, *var.* Lachen. act. helv. VIII. 145. *L. aquilegifolium* Schleich. cat. (1821). 21. *L. Gaudinii* Moret. giorn. di fis. e chim. di Pav. 3.° bim. 248. *L. luteolum* Gaud. helv. II. 348 (exc. sin. dub. syn. Linn.) (1). —*Icon.* o. *Exs. L. aquilegifolium* Schleich.—Tige rameuse de 2 à 4 pieds, cylindrique, lisse, légèrement striée, garnie de fibrilles au collet, comme les précédentes. Feuilles inférieures décomposées (2), à folioles ovales, plus ou moins cordées, obtusiuscules, entières ou à 3 lobes plus ou moins profonds (la division a souvent lieu jusqu'au pétiole, alors le segment terminal est atténué à sa base), dentées, à dents arrondies et mucronulées, glabres, plus pâles en dessous; les supérieures composées, ternées ou simples, ont les folioles entières et lancéolées-lineaires (3). Ombelle de 12 à 22 rayons. Involucre

(1) Les autres synonymes cités sont, par Moretti: *Siler aquilegiæ folio* Hall. an. et auct. ad en. stirp. in Act. helv. V. 76. *L. trilobum* Sut. helv. I. 163.; par Gaudin: *L. trilobum* et *aquilegifolium* Hegetsch. helv. I. 195 et 196, et II. 433 in app. *L. trilobum* Clairv. man. 79.

(2) Elles sont plus que biternées, caractère que leur assigne Moretti.

(3) J'avais regardé la forme de ces feuilles supérieures, signalée par Haller, comme pouvant servir à caractériser cette espèce, que j'avais désignée dans mon herbier sous le nom de *L. heterophyllum*; mais il paraît qu'elle peut se rencontrer dans les espèces voisines (non pas dans le *Siler*). Je viens de dire qu'on voit quelque chose de semblable dans l'échantillon du *L. alpinum* de M. Nestler, et Jacquin a dessiné (austr. II. T. 146) une modification des feuilles supérieures du *L. latifolium*, qui y a aussi beaucoup de rapports; Lachenal (l. c.) a trouvé la même variation au Mont Mulet, et je l'ai remarquée dans un de mes échantillons de Nancy, appartenant au *L. glabrum*, qui n'est pour moi qu'une variété du *latifolium*.

polyphylle, à folioles sétacées, caduques. Involucelle semblable, dans de plus petites dimensions. Fleurs jaunes. Fruit à
8 ailes membraneuses, planes. Hab. les montagnes alpines
(La Suisse!).

4. *L. (Nestleri* nob.) *foliis supradecompositis sœpè triter-
natis, foliolis subrotundo-ovatis, basi ovatis vel cordatis,
trilobis sœpè tisectis, dentato-mucronatis; floribus albis
(fructibus 8-alatis).* L. aquilegifolium DE C. fl. fr. suppl. 510
(ex descr. excl. syn. omn. except. fortè GOUAN et MAGN. ?).
DUBY. bot. I. 214 (excl. syn.). *L. cuneifolium* NESTL. in litt.
— *Icon.* o. *Exs. L. aquilegifolium* PROST. — Tige rameuse
de 2 à 4 pieds, cylindrique, striée. Feuilles inférieures tri-
ternées, à folioles ovales-arrondies, pointues, souvent cordées, divisées la plupart en 3 lobes (souvent en 3 segments
dont celui du milieu est atténué à sa base et quelquefois éloi-
gné des autres et petiolé), dentées-mucronées, glabres ou garnies
en dessous de quelques poils, sur—tout sur les nervures ; les supérieures moins composées, à folioles de même forme, mais plus
rarement cordées. Ombelles de 10 à 28 rayons. Involucres et
involucelles à 3–5 folioles sétacées, caduques (1). Fleurs
blanches. Fruit à 8 ailes membraneuses, planes. Hab. les
montagnes (la Lozère! Montpellier? les Pyrénées?).

XLI. M. le D.ʳ Léon DUFOUR a trouvé dans les Pyrénées un *Seseli* dont il m'a donné des échantillons, et que
j'ai retrouvé depuis à la Penna blanca, revers espagnol du
Port de Bénasque. Ce *Seseli*, dont il a fait une espèce sous les
nom de *S. nanum*, est ainsi spécifié par lui, dans ses lettres
sur les montagnes maudites:

(1) Dans un de mes échantillons, la foliole de l'involucre, qui est
restée seule, a une singulière forme. Elle ressemble au petit drapeau
qui orne l'arme de nos lanciers ; elle est longue de 15 lignes, large
de 2 à son extrémité, où chaque pointe est terminée par un mucron.
C'est évidemment le résultat d'une soudure.

S. (nanum) radice elongata perenni ; foliis glaucis , brevi-bus , congestis , bipinnatis , glaberrimis ; foliolis angustis , obtusiusculis; caule simplici subnudo ; umbellâ parvá , solitariá ; involucellis acuminatis simplicibus ; fructu striato subscabriusculo. **Duf.** l. c.

Si l'on compare cette plante au *S. glaucum*, elle en parait fort différente ; mais quand on jette les yeux sur le *S. montanum* , on reconnaît que celui-ci peut servir d'intermédiaire entre les deux autres ; et si, comme on ne peut en douter , le *S. montanum* est une variété du *glaucum* , il est impossible d'en séparer le *S. nanum* ; car dans les échantillons de ce dernier qui s'élèvent un peu , les folioles deviennent plus étroites et moins obtuses , et se rapprochent beaucoup du *S. montanum* qui croît à Nancy. D'ailleurs , la même disproportion se montre dans certains échantillons du *S. annuum* , dont la hauteur varie depuis 2 pouces jusqu'à un pied et demi, comme le dit très–bien **Jacquin** ; et mon oncle , P. R. F. de P. **Willemet** (1), a trouvé à Eschaw, village à deux lieues de Strasbourg , des échantillons de cette plante , que je conserve dans mon herbier , et qui diffèrent autant du type que le *S. nanum* du *glaucum.*

Voici donc les deux espèces en question , avec leurs variétés :

1. *S. (glaucum* **St.–Am.** agen. 121) *caule erecto substriato ; foliis bipinnatis glaucis , foliolis subtrifidis laciniis linearibus acutiusculis, petiolis membranaceis integris , involucellis umbellâ brevioribus.*

α. *vulgare. Laciniis longioribus.* **Bauh.** hist. III. 16. ic. inf. *S. glaucum* **Linn.** *S. montanum* β **de** C. fl. fr. *S. glaucum* α **St.–Am.** l. c. — Nancy !

β. *montanum. Laciniis brevioribus.* **Vaill.** T. 5. f. 2. *S. montanum* **Linn.** *S. montanum* α **de** C. *S. glaucum* β **St.–Am.** —Nancy !

(1) Voyez Encycl. bot. VIII. p. 762.

γ. *nanum. Laciniis obtusiusculis, caule 2-5-pollicari. S. nanum* Duf. l. c. *Pimpinella dioïca* β Lapeyr. abr. *S. montanum* Linn.? Benth. catal. (1). — Pyrénées !

2. *S.* (*annuum* Linn.) *caule erecto substriato ; foliis bipinnatis, foliolis subtrifidis laciniis linearibus acutiusculis, petiolis membranaceis emarginatis, involucellis umbellâ longioribus.*

α. *vulgare. Laciniis longioribus.* — Nancy !

β. *minimum. Laciniis brevioribus latioribus. S. annuum* β *minimum* Will. f. in herb. — Eschaw, près Strasbourg !

––––––––––

XLII. Je possédais dans mon herbier l'*Æthusa bunius* de Linné (*Meum heterophyllum* Moench.), et j'ai cueilli dans les Landes le *Seseli saxifragum.* J'ai aussi reçu cette dernière plante de Dijon, où elle m'a été donnée par M. le D.ʳ Lorey. Il l'avait autrefois déterminée comme *Seseli ;* mais, d'après l'autorité de M. Balbis, il l'a inscrit dans son Catalogue (1) sous le nom d'*Æthusa bunius.* Je suis bien de l'avis de M. de Candolle (fl. fr. suppl. p. 503), que ces deux plantes appartiennent au même genre ; mais si elles appartiennent à la même espèce, du moins ne sont-elles pas synonymes l'une de l'autre, comme le veulent Roemer et Schultes, et, en dernier lieu, MM. Duby et Loiseleur Deslongchamps.

Le *Seseli saxifragum* diffère de l'*Æthusa bunius* par ses colerettes générales nulles ou tout au plus monophylles, par ses feuilles, dont les caulinaires sont doublement ternées, et les radicales pinnées à folioles ovales, trilobées et dentées ;

––––––––––

(1) Je ferai observer, à propos du synonyme de M. Bentham, que cette variété est moins le *S. montanum* de Linn. que la var. β, et que cette dernière répond mieux à la description du *Species* (p. 372) ; que, cependant, sans la crainte d'innover, j'aurais présenté la plante alpine comme type de l'espèce, plutôt que celle des plaines.

(2) Catalogue des plantes qui croissent dans le département de la Côte-d'Or, par MM. Lorey et Duret, in-8.º de 47 p.

tandis que les unes et les autres sont bipinnées dans l'*Æthu-sa*. Certes, si cela ne constitue pas deux espèces, on ne peut s'empêcher d'y reconnaître au moins deux variétés bien notables.

Roemer et Schultes s'appuient sur l'opinion de Gouan pour réunir ces deux plantes. C'est Gouan, en effet, qui a causé les contradictions des auteurs sur ce sujet. A l'article de son *Carum bunius* (illust. p. 20), il rapporte en synonyme le *Seseli saxifragum* Linn., en ajoutant : « *Certè, ut video,* « *ex communicatis ab Hallero plantis siccis.* » Il cite les figures de Daléchamps (lugd. p. 774. f. 2.) et de Morison (sect. 9. T. 2. f. 16), qui, ayant les feuilles bipinnées, appartiennent à l'*Æthusa bunius* (et auxquelles mon échantillon ressemble parfaitement); et dans la description, on lit : « *Folia primaria* « *quædam cordata triloba, lobis tridentatis; alia quinque-* « *loba, dein ternata.* », ce qui convient plutôt au *Seseli saxifragum*.

Mais, que l'on adopte le genre *Ptychotis* de Koch, ou qu'on réunisse nos plantes aux *Seseli*, il faudra au moins les séparer comme variétés, en se fondant sur les différences suivantes :

α. *Foliis bipinnatis, radicalibus pinnulis pinnatis vel profundè pinnatifidis, foliolis trifidis vel pinnatifidis dentatis, caulinis laciniis linearibus; involucro 1-4-phyllo. Æthusa bunius.* — Daléch. l. c.

β. *Foliis pinnatis, radicalibus foliolis ovatis 3-5-lobatis dentatis, caulinis duplicato-ternatis foliolis linearibus angustissimis; involucro nullo aut 1-phyllo. Seseli saxifragum* (1).

XLIII. J'ai rencontré dans les Pyrénées les *Astrantia major* et *minor*. Le premier y est fort commun dans les prés;

(1) C'est cette espèce que M. Gaudin décrit sous le nom de *Ptychotis heterophylla* (helv. II. 419); mais il y joint les synonymes de l'autre. Au reste, il dit la plante rare et peu connue.

mais le second, beaucoup plus alpin, y est plus rare. Je crois
que le caractère donné dans l'analyse de la Flore française et
dans les auteurs, n'est pas suffisant pour les distinguer (1); et je
suis forcé, pour soutenir mon opinion, d'entrer en discussion
sur des espèces qui ne sont point indiquées en France, mais
qui s'y trouveront peut-être un jour.

Il me paraît que ceux qui, comme ROEMER et SCHULTES (syst.
veg. VI. 341), font de l'*A. carniolica* une variété du *major*, n'ont pas vu cette espèce, mais une plante des Alpes qui
ressemble beaucoup, en effet, à l'*A. major*, et qui en est
un diminutif dans toutes ses parties: les lobes de ses feuilles
sont seulement beaucoup plus profondément divisés, et forment presque des folioles séparées; du reste, elle conserve
un caractère bien plus propre que la division des feuilles
à distinguer l'*A. major* : c'est d'avoir les involucres surpas-
sant les fleurs en longueur (2); tandis que dans l'*A. carniolica*,
comme dans le *minor*, ils ne les dépassent pas. Les ombelles
sont aussi beaucoup plus petites dans les *A. carniolica* et
minor que dans la var. β du *major* que je signale; celles de
cette dernière sont intermédiaires entre le *major* et le *minor*.
Voici la synonymie des deux plantes confondues :

1. *A.* (*major* β *parviflora* nob.). LAM. dict. I. 223,
HALL. Helv. n.° 790 β. — *Icon.* MORIS. sect. 9. T. 4. f. 2,
—Mon échantillon vient des Alpes du Tyrol; il est parfaitement conforme à la figure de MORISON, c'est-à-dire que les
feuilles sont presque digitées; ce qui prouve qu'il ne faut pas
trop s'attacher à ce caractère.

2. *A.* (*carniolica* JACQ.). *A. minor* SCOP. carn. I. 187.

(1) On donne à l'*A. major* des feuilles palmées, et des feuilles
digitées au *minor*.

(2) Il y a bien l'*A. pauciflora*. BERTOL., que je ne connais point,
et qui a les involucres plus longs que les fleurs: mais ses feuilles doivent être simplement et également dentées, et non incisées-dentées
comme dans le *major*, le *minor* et le *carniolica*.

—*Icon.* Scop. l. c. T. 7.—Mes échantillons viennent de la Carniole. Les feuilles sont palmées comme dans la figure de Scopoli, et celui-ci avertit que ce caractère est constant ; mais ce qui distingue encore cette plante de l'*A. minor* de Linné, c'est que ses pédoncules sont multiflores et munis de bractées aux trifurcations, tandis qu'ils sont uniflores et nus dans le *minor* (voy. Lam. ill. T. 191. f. 2) (1).

—————

XLIV. Au mois de juin 1826, en herborisant à St.-Sever avec le D.ʳ L. Dufour, nous avons rencontré l'hybride nommée par M. Schiede (2) *Galium vero-mollugo* (*G. verum* β Schult. syst. III. 233). Il croissait entre les *G. verum* et *mollugo*. Je ne puis mieux le décrire qu'en disant qu'il a le port du premier et les fleurs du second. Quoique peu avancé, il m'a paru disposé à mûrir ses graines.

—————

XLV. M. de Candolle (fl. fr. suppl. p. 470) cite deux localités en France pour l'*Aster salignus* : Strasbourg (M. Nestler) et Mende (M. Prost). Je possède les plantes de ces deux botanistes, et j'y remarque de très-grandes différences. La plante de M. Nestler est bien l'*A. salignus;* elle est conforme aux descriptions et à un échantillon de Hambourg qui est dans ma collection (3). Celle de M. Prost diffère du *sa-*

(1) Avant de quitter les Astrances, je dois dire que les auteurs se trompent lorsqu'ils donnent, d'après Willdenow, des involucres très-entiers à l'*A. major*, et qu'ils le distinguent ainsi de l'*A. caucasica*, dont les involucres sont dentées. Le fait est qu'ils sont le plus souvent tridentés au sommet dans l'un et dans l'autre. Je possède un échantillon de l'*A. caucasica*, qui me vient du jardin de Paris; cet échantillon me paraît différer du *major*, en ce que ses ombelles, presque également grandes, ont leurs involucres ne dépassant pas les fleurs, et que les feuilles radicales ont leurs lobes arrondis et non pointus.

(2) *De plantis hybridis sponte natis.* Cassel. 1825. in-8.º de 80 p.

(3) L'*A. salignus* est bien voisin du *novi-belgii* (ou *paniculatus*

lignus par ses feuilles très-entières, pointues dans le haut, obtuses-mucronées dans les deux tiers de sa hauteur (et non longuement acuminées), à 3 nervures (le *salignus* n'en a qu'une seule); elle se rapproche davantage de l'*A. acris*.

L'*A. acris* est une espèce sur laquelle quelques auteurs sont en discidence. LINNÉ (sp. II. 1228) cite les fig. de GARIDEL (aix T. 11), de BAUHIN (hist. 606), de LOBEL (ic. 349. f. 2), ces deux dernières avec une approbation particulière; enfin, mais avec doute, la fig. de PLUKENET (phyt. T. 271. f. 3). Les trois premières conviennent bien à l'*A. acris*, que j'ai cueilli abondamment, en octobre 1826, au Pont du Gard, dans le bois, à gauche, en montant sur l'aqueduc. Les feuilles, dans ces fig., sont seulement plus larges que celles de mes échantillons; mais, comme eux, elles n'ont qu'une seule nervure. Quant à la fig. de PLUKENET, LAMARCK la rapporte, encore avec doute, à l'*A. trinervis* (1) du Jardin de Paris (dont il ne fait, ainsi que PERSOON, qu'une variété de l'*A. acris*); et WILLDENOW la cite, seule avec approbation, pour son *A. acris*. Elle a les feuilles évidemment trinervées, et ne convient pas mal à la plante de la Lozère, qui est absolument la même que celle cultivée depuis long-temps au Jardin de Nancy sous le nom d'*A. acris*.

L'astère du Pont du Gard, ou *A. acris*. LINN., a donc les feuilles linéaires, de 14 lignes sur 1 ou un peu plus. glabres, à une seule nervure (2), entières, ponctuées en dessous, rudes sur les bords et munies, à chaque aisselle, de petits ra—

LAM.) que l'on cultive au Jardin de Nancy, et qui a seulement la tige plus rameuse et les feuilles plus dentées. L'*A. novi-belgii* a été trouvé spontané aux bords de la Vezouse, près Lunéville, et M. LOREY nous l'a donné de Dijon. Est-il vraiment indigène, ou s'est-il échappé des Jardins?

(1) Qu'il ne faut pas confondre avec l'*A. trinervius* de ROXBURGH, dont le nom doit être changé comme moins ancien. On pourrait l'appeler *A. Roxburghii*.

(2) Voyez ci-après la note (1) de la p. 95.

meaux stériles, d'un pouce à peu près, garnis de petites feuilles de 4 lignes sur une demie; ces petites feuilles se voient aussi sur les branches du corymbe. Les pédoncules sont chargés de petites bractées appliquées, longues au plus d'une ligne, assez nombreuses, mais pas autant que dans la fig. de Garidel.

L'astère de la Lozère et du Jardin de Nancy, que je prends pour l'*A. trinervis* Desf. (cat. 122), a les feuilles longues de 2 pouces sur 2 ou 3 lignes de largeur, glabres, trinerves, entières, ponctuées et rudes sur les bords, mais moins que le précédent. Les rameaux stériles sont plus rares, et ne se rencontrent que dans le voisinage du corymbe; les pédoncules sont nus, ou chargés seulement d'une ou deux bractées écartées. C'est, je crois, l'*A. acris* de Willdenow (1). Il m'est impossible de ne regarder cette plante que comme une variété de l'*A. acris*; car alors il faudrait y réunir aussi l'*A. hyssopifolius* de Lamarck, dict. (2). Il me semble qu'il faut

---

(1) Willdenow dit de sa plante : « *Discrepat à binis preceden-* « *tibus (A. hyssopifolio et punctato) abundè : foliis non punctatis,* « *glabris, nec margine scabris* » (sp. pl. III. 2023); et cependant les feuilles de la nôtre sont ponctuées et scabres. Mais, comme on sait par M. Schlechtendal que, parmi les Astères de l'herb. de Willdenow, il y a confusion d'échantillons et même de parties d'échantillons, on ne peut compter sur son *Species* pour étudier ce genre difficile.

(2) L'*A. hyssopifolius* diffère peu de l'*acris* selon Lamarck (dict. I, 304). On le cultive au Jardin de Nancy à côté du *trinervis*. Celui-ci n e s'élève guères au-delà d'un pied et demi; il a la fibre roide, les tiges très-nourries, simples et formant au sommet un corymbe de 3 à 4 pouces, le feuillage d'un vert sombre. Le clinanthe, lorsque les graines sont enlevées, présente 20 à 24 impressions; car un semblable nombre de graines vient à maturité. L'*A. hyssopifolius* du Jardin de Nancy s'élève jusqu'à 3 pieds; il a la fibre plus lâche, les tiges plus élancées, divisées, dans leur tiers supérieur, en rameaux corymbiformes et feuillés, terminés chacun par un corymbe de fleurs plus petites que dans le précédent, et à demi-fleurons plus étroits et rabattus; les feuilles d'un vert jaunâtre, aussi ponctuées en-dessous et scabres sur les bords, mais plus courtes et à nervures mieux mar-

adopter le sentiment de M. Desfontaines, relativement à la spécialité de l'*A. trinervis*, qui devient une espèce nouvelle pour la Flore française (1).

***

XLVI. Dans le supplément de la Flore française, p. 478, on

quées. Le clinanthe est plus décidément alvéolé, et ne contient que 8 ou 10 alvéoles ; les autres fleurs avortent. Dans ces deux plantes, les graines sont poilues ; mais celles de l'*hyssopifolius* sont de moitié plus petites que celles du *trinervis* (*).

(1) Depuis que j'ai écrit cet article, j'ai reçu, à son sujet, des renseignemens précieux de M. le prof. Nestler, qui m'envoie des échantillons de l'*A. salignus* de Strasbourg, où il garnit les fossés des fortifications ; c'est, à ma connaissance, la seule localité de France où se trouve cette espèce. Il me communique en même temps le *Synopsis specierum generis Asterum herbaceorum* de M. C. G. Nees d'Esenbeck (Erlang. 1818. in-4.°). M. Nestler est de mon avis relativement à la détermination de la plante de Mende, qu'il regarde certainement comme l'*A. trinervis* du Jard. de Paris, maintenu par M. Nees au rang d'espèce (l. c. p. 18 (**)). « Cette plante, me dit-il, formera une nou-« velle espèce, non seulement pour la Flore française, mais encore « pour celle d'Europe ; car tous les auteurs se taisent quant à l'indi-« cation de la localité, et M. Nees lui-même laisse *l'habitat* en « blanc. » Nest. in litt. Mes échantillons de l'*A. acris* du Pont du Gard, comparés par M. Nestler à des échantillons de la même plante cultivés par M. Nees, lui ont paru identiques, à quelques différences près produites par la culture. M. Nees dans sa description (l. c. p. 19) donne des feuilles trinervées à l'*A. acris* : il en est de même de Miller (dict. des Jard. suppl. I. 113). Effectivement, un examen plus attentif m'a fait découvrir dans mes échantillons deux nervures latérales ; mais elles sont imperceptibles à l'œil nud.

(*) L'*A. canus* Walds. et Kit. est bien voisin de la plante que je prends pour l'*hyssopifolius* ; M. Nestler croit qu'elle n'en est qu'une variété à feuilles glabres.

(**) Voici la phrase caractéristique de M. Nees : « *A. (trinervis* « Pers.) *foliis lanceolato-linearibus acutis integerrimis trinervibus* « *obsoletè punctatis subtùs scabris, caule stricto apice corymboso-* « *paniculato, ramis patulis apice corymbosis, pedunculis rigidis,* « *radio elongato. A. acris* Willd. sp. pl. » Nees l. c. La figure citée de Plukenet, que M. Nees applique seule à l'*A. acris*, appartient plutôt au *trinervis*, à cause de ses larges feuilles à 3 nervures bien visibles, et de l'absence des bractées appliquées sur les pédoncules.

lit : « L'*Artemisia procera* Lapeyr. (abr. 5o3 excl. syn.), ne
« me paraît qu'une très-légère variété de l'*A. campestris*. »

L'*A. procera* (*paniculata* Lam.), que M. de Lapeyrouse
indique à Bénasque, appartient bien à cette espèce. Je ne l'ai
pas cueillie moi-même, quoique j'aie fait le voyage de Bénasque avec M. Paul Boileau ; mais celui-ci m'en a donné un
échantillon authentique, qui a été approuvé par M. de Lapeyrouse, et je l'ai vu de la même localité, envoyé par L. Dufour à MM. Mougeot et Nestler. Tous ces échantillons
sont parfaitement conformes à l'*A. procera* que j'ai trouvé abondamment dans la plaine de Monredon, près Marseille, où
il croissait avec l'*A. gallica* β *congesta* du capitaine Solier,
avec lequel j'herborisais.

Mais il existe dans les Pyrénées une autre espèce, que M.
Monnier a cueillie à Vielle, et qui n'est effectivement qu'une
légère variété de l'*A. campestris*. Je l'ai comparée à cette
dernière plante, qui m'a été envoyée de Strasbourg par M.
Nestler ; elle n'en diffère que parce que ses rameaux sont
plus dressés et plus fournis de fleurs.

XLVII. On lit dans le *Syst. veget.* de Roemer et Schultes
(V. 75) que MM. de Sternberg et Hoppe ont distingué un
Phyteuma globulariæfolium, confondu avec le *P. pauciflorum*
de Linné. C'est dans les Mémoires de la Société royale de
botanique à Ratisbonne (Denkschrift. der K. bot. Ges. in
Regensb. II. p. 100) que se trouve celui où ces Messieurs
ont établi cette distinction. Je regrette beaucoup de n'avoir
pu me procurer ce volume, afin de juger les motifs sur lesquels ils se fondent. Les autres ouvrages que j'ai consultés,
au défaut de celui-ci, sont : Reichenbach (Icon. bot. cent.
4. p. 48. T. 364 et 365) et Hegetschweiler (Reis. p. 146.
T. 1. f. 13, 14 et 15). Je trouve partout que ce qui carac-
térise le *P. globulariæfolium*, c'est d'avoir les feuilles obovées et les bractées cordées et obtuses. D'après ces caractères,

tout ce que j'ai reçu des Alpes et des Pyrénées sous le nom de *pauciflorum* serait du *globulariæfolium*, et c'est le seul qui croisse en Suisse, selon MM. Reichenbach et Hegetschweiler. Mais Linné a–t–il voulu parler d'une autre espèce? Je ne le crois pas.

Linné dit, il est vrai, dans la phrase spécifique de son *P. pauciflorum* : « *Foliis omnibus lanceolatis* », et beaucoup de nos feuilles sont obovées ou spatulées; mais, outre qu'il lui donne des bractées cordées (syst. veg. 176), les deux seuls synonymes cités dans le *Species* (1. 241) appartiennent évidemment au *P. globulariæfolium* de Sternb. et Hoppe. Ce sont : 1.º Le *Rapunculus foliis obtusis spicâ pauciflorâ* de Haller (enum. 497 ou helv. 680), sur lequel Linné paraît avoir établi son espèce, puisque c'est dans cette phrase qu'il a pris son nom spécifique (1); 2.º Le *Rapunculus alpinus parvus comosus* de J. Bauhin (hist. II. 811), dont la fig., dessinée sur un échant. de Styrie, ressemble parfaitement à la fig. 549 (T. 365) de Reichenbach.

La citation de ces deux synonymes et l'*habitat* : « *In alpibus helveticis, styriacis* », qui s'y rapporte, me semblent prouver suffisamment que ce que nous prenons ordinairement pour le *P. pauciflorum* est bien la plante de Linné; que MM. de Sternberg et Hoppe ont eu tort de changer son nom en celui de *P. globulariæfolium*, et que, s'il y a véritablement deux espèces confondues, c'est leur *P. pauciflorum* qui est nouveau, et qui doit par conséquent recevoir une nouvelle dénomination (2).

––––––––––

(1) Voyez, sur la manière dont Linné a établi sa nomenclature, de C. Théor. élém. 1.ʳᵉ éd. p. 261, ou 2.ᵉ éd. p. 291.

(2) M. Gaudin (helv. II. 170) a aussi suivi MM. de Sternberg et Hoppe relativement à la plante de Suisse, qu'il nomme *P. globulariæfolium*. Il donne ensuite, mais comme étranger, le *P. pauciflorum* de Linné, auquel il conserve les synonymes de Haller et de Bauhin, que Roemer et Schultes rapportent au *P. globula-*

XLVIII. J'ai parlé d'un *Erica* nouveau par la Flore française, qui croît sur la côte maritime du département de la Gironde, avec d'autres plantes portugaises. Cette espèce, confondue avec l'*E. arborea*, me paraît être celle décrite sous le nom d'*E. polytrichifolia* par SALISBURY et, d'après lui, par DUMONT—COURSET; mais ce dernier ne savait pas sans doute que *Lisboa* est le nom portugais de Lisbonne; car, pour indiquer l'*habitat*, il a mis « près de Lisboa. »

L'*E. polytrichifolia* diffère de l'*arborea* par ses corolles un peu plus grandes et oblongues (1), par son feuillage qui est d'un vert plus foncé et plus fourni de feuilles plus étroites, par son stigmate élargi insensiblement au sommet et non pelté, par ses bractées situées vers le milieu du pédoncule et non à la base (2), par ses appendices plus longs et en forme de coin, par sa capsule pyriforme, enfin par ses poils simples, tandis qu'ils sont rameux dans l'*E. arborea*.

Mes échantillons viennent de la Teste de Buch. C'est l'*E. arborea* de THORE, et sans doute celui de la Flore de Bordeaux. Il serait intéressant de constater si l'*E. polytrichifolia* croît seul et sans son congénère dans le bassin de l'Océan. Quant à celui de la Méditerrannée, tout ce que j'ai reçu de la Provence, de la Corse, du Piémont, est l'*E. arborea*.

L'*E. polytrichifolia* était aussi cultivé au Jardin de Nancy sous le nom d'*E. arborea*.

XLIX. C'est au mois de juillet 1817 que j'ai découvert, aux environs de Nancy, une nouvelle espèce de Cuscute sur le

riæfolium. Cette discidence me parait encore favorable à mon opinion.

(1) On lit dans la description : « Fleurs pendantes ». Elles ne paraissent l'être que dans la jeunesse de la fleur, et se redressent à mesure que la capsule mûrit.

(2) Ce caractère varie beaucoup, non—seulement dans cette espèce et sur le même individu, mais aussi dans l'*E. arborea*.

(99)

Lin. Comme je connaissais déjà les deux autres, qui étaient en
fleur en même temps, j'ai pu les examiner comparativement.
Je crois devoir répéter ici la description des trois espèces,
telle que je l'ai envoyée en 1821 à la Société Linnéenne de
Paris, qui en a fait mention, p. 26 du Tome I de ses Mémoires (Paris 1822); mais qui ne l'a imprimée que dans le
Tome IV (septembre 1825), p. 280 de ses Annales.

1. *Cuscuta (major* DE C.) *corollis calyce longioribus,
staminibus basi nudis, stygmatibus ovario brevioribus apice
luteis (calycis divisiones tubo carnoso breviores; planta rubella).* — *Descriptio : Caules filiformes, rubelli. Flores sessiles capitati, rubello-albi. Calyx oblongus, basi carnosus,
apice brevè quinque-partitus, rubellus. Corolla alba, calyce
longior, quinque-partita, lobis sæpè rectis. Stamina* 5, *basi
nuda; antheræ flavæ. Ovarium viride, stygmatibus longius,
basi cavatum. Styli* 2, *recti, breves. Stygmata divergentia,
semi-linealia, lutea, dehinc fusca.* — *Habitatio : parasitica
in Urticâ, Humulo et in aliis excelsis plantis.*

2. *C. (minor* DE C.) *corollis calyce longioribus, staminibus basi squamâ crenatâ instructis, stygmatibus ovario
longioribus apice purpurascentibus (calycis divisiones longiores; planta rubella).* — *Desc. : Caul. filiformes rubelli,
præcedenti tenuiores. Flor. sessiles, capitati; capituli mi-
nores, rubello-albi. Cal. brevior, profundè quinque-partitus, rubellus. Cor. major, alba, calyce longior, quinque-
partita, lobis patentibus. Stam.* 5, *basi squamâ crenatâ
instructa; anth. luteæ maculâ fuscâ notatæ. Ovar. sæpè
rubellum, stygmatibus brevius. Styl.* 2, *recti, longiores.
Stygm. divergentia, linealia, purpurascentia.* — *Hab. : parasitica in Genistâ sagittali, Rhinanthis et aliis minoribus
plantis.*

3. *C. (densiflora* nob.) *corollis longitudine calycis,
staminibus basi nudis, stygmatibus longitudine ovarii apice
luteis (calyx ferè penta-phyllus, divisionibus carnosis;*

planta albo-viridis).— Desc. : Caul. filiformes, luteo-viri-
des. Flor. sessiles, capitati; capituli densiores, albo-virides.
Cal. ferè 5-phyllus, lobis subrotundis. Cor. viridalba, lon-
gitudine calycis, 5-partita, lobis brevioribus subpatentibus.
Stam. 5, basi nuda; anth. luteæ dehìnc fuscæ. Ovar. viride,
longitudine stygmatum. Styl. 2, recti. Stygm. divergentia,
semi-linealia, lutea. — Hab. : parasitica in Lino.

Cependant, M. Weihe avait remarqué de son côté la Cuscute du Lin, et l'avait indiquée à M. Boenninghausen, qui,
en 1824, la décrivit ainsi qu'il suit, dans le *Prodromus flo-*
ræ monasteriensis Westphalorum :

« *C. (epilinum) parasitica in Linum usitatissimum advec-*
« *ta videtur cum seminibus plantæ hujus à regionibus borea-*
« *lioribus* (1). *Differt ab europeá : floribus basi conna-*
« *tis ; calyce gibboso verrucoso 5-fido ; corollá quinquefidá,*
« *laciniis calycem vix superantibus ; staminibus 5 innappen-*
« *diculatis ; stylis 2, cruciatis ; colore flavescente.* »

D'après ce qui précède, quoique ma détermination de cette
espèce date déjà de plus de 11 ans, et quoique M. Loiseleur
Deslongchamps ait conservé le nom que je lui ai imposé, dans
la nouvelle édition de son *Flora gallica* (I. 182), c'est le nom
donné par le botaniste allemand qui doit être adopté, selon les
lois de la nomenclature botanique.

Cette espèce a aussi été trouvée à Paris par M. Loiseleur,
à Metz par M. Holandre, à Roville par M. de Dombasle, et
elle croît probablement dans une grande partie de la France.

Elle est décrite et dessinée dans la 5.ᵉ centurie de l'*Icon.*
bot. de Reichenbach, p. 64. T. 500 (2).

(1) C'est aussi l'opinion émise par M. de Dombasle, dans la 4.ᵉ
livraison des Annales agricoles de Roville, p. 75.

(2) Voyez aussi Mert. et Koch (deutsch. II. 331). Ils citent comme
synonymes : *C. major* Koch et Ziz. cat. p l. pal. 5, et *C. vulgaris*
Presl. cech. 56.

(101)

L. L'*Anchusa officinalis* est une plante poblématique, que les uns confondent avec l'*angustifolia*, et les autres avec l'*italica*. Je signale aux botanistes l'*A. officinalis* de SCHLEICHER, pl. exs., qu'il m'a envoyé, ainsi que l'*angustifolia*. Il diffère de celui-ci par ses feuilles cordiformes, alongées et du double plus larges, ainsi que les bractées et les divisions de son calice; et de l'*italica*, en ce que les divisions du calice sont quinquéfides et non quinquéparties, et qu'elles s'élargissent, mais ne s'alongent pas après la floraison (1).

———

LI. Nous avons reçu de **M. MARCHAND** lui-même le *Cynoglossum pellucidum* (LAPEYR. suppl. 128), et je puis assurer qu'il ne diffère en rien du *C. montanum*, que j'ai de Dijon, du Dauphiné et du Jardin de Nancy.

———

LII. Le *Scrophularia canina* des Pyrénées (LAPEYR. abr. 356), que j'ai cueilli à la montagne de Cazarille, au-dessus de Bagnères de Luchon, me paraît une toute autre plante que celle qui croît à St.-Sever, sur les bords de l'Adour, et qui appartient bien au *S. canina*, non-seulement d'après le témoignage de L. DUFOUR avec qui j'herborisais, mais encore par sa parfaite ressemblance avec la figure de CLUSIUS (*Ruta canina* CLUS. hist. II. 209.) citée par Linné (2). J'observe que les feuilles sont bipinnatifides (3) dans la plante des Pyrénées, tandisque, dans le *S. canina*, les inférieures sont alongées, incisées ou légèrement pinnatifides, comme on le voit dans la figure citée, et les autres simplement ailées. Selon

———

(1) La plante de SCHLEICHER est bien l'*A. officinalis* selon M. GAUDIN (helv. II. 44).

(2) J'ai aussi le *S. canina* de Strasbourg, de Haguenau et du Jardin de Paris.

(3) Ces feuilles ressemblent un peu à celles du *S. multifida* WILLD. (hort. berolin. T. 58).

Lapeyrouse, son *S. canina* a une écaille sous la lèvre supérieure de la corolle; ce caractère aurait dû la faire rapporter au *S. lucida*, et non au *canina*, qui, selon de Candolle, a le palais nu. Quoique je n'aie pas pu vérifier cette particularité sur mes échantillons qui sont tous en fruit, le témoignage de Lapeyrouse, joint à la forme des feuilles de ma plante, m'avait fait penser d'abord qu'elle appartenait au *S. lucida* (1), que M. de St.-Amans indique dans sa Flore agenaise; mais mes échantillons s'éloignent trop de la figure et de la description que Tournefort donne du *S. lucida* dans son voyage au Levant (in-4.° l. 221). Je possède dans mon herbier un échantillon conforme à cette figure, que je crois du Jardin de Paris, et un autre de Corse, que j'en rapproche avec doute.

Quant à la plante des Pyrénées, elle me paraît la même que celle que j'ai reçue plusieurs fois des Alpes sous le nom de *S. canina*, *var. juratensis* ou *alpina* (2). M. de Miribel, qui me l'a envoyée du Dauphiné, m'écrivait dernièrement : « Les « échantillons que vous tenez de moi ont été cueillis à Chauma- « chaude, à 1000 toises d'élévation; mais je l'ai rencontrée « il y a peu de jours dans un champ cultivé, à plus de 300 « toises au-dessous, ayant tout-à-fait la même forme que « parmi les débris de roches calcaires où on la trouve ordinai- « rement. Je vous fais sécher le *S. canina* des bords du Drac, « près Grenoble, et d'autres échantillons que j'ai cueillis à une « assez grande hauteur, et qui n'a pas varié; il est toujours fort « différent du *juratensis*, et ne se modifie pas plus en mon- « tant que celui en descendant. »

En résumé, la plante qui nous occupe a besoin de nouvelles observations; elle pourrait bien être une espèce distincte du

(1) Je l'ai reçue d'Espagne sous le nom de *S. lucida*.

(2) A un de ces échantillons était jointe une feuille radicale séparée de la tige, alato-pinnatifide et presque lyrée, à lobes larges et ovales.

S. canina (1), et si elle a vraiment la corolle appendiculée,
comme l'assure M. DE LAPEYROUSE , elle aurait plus de rapports
avec le *S. lucida.*

————

LIII. J'ai publié dans le Bulletin des sciences naturelles de
M. DE FÉRUSSAC (VII. (février 1826) p. 229), une note sur
les *Melampyrum pratense* et *sylvaticum.* Les observations
que j'ai eu occasion de faire dans les Pyrénées, m'engagent à
revenir sur cet article.

Le principal caractère qui distingue ces deux espèces, c'est
le calice. Dans le *M. pratense*, les divisions calycinales sont
sétacées, inégales et ascendantes ; dans le *sylvaticum*, elles
sont ovales, lancéolées. plus régulières et ouvertes (2). La
capsule du premier est plus alongée et plus comprimée que
celle du second. Les feuilles supérieures sont entières dans le
sylvaticum, et hastato-pinnatifides dans le *pratense* ; mais les
jeunes individus de ce dernier développant leurs premières
fleurs à l'aisselle de feuilles entières, il faut y regarder de près
pour ne pas se laisser tromper par ce caractère. Les corolles
sont deux fois plus grandes que le calice, et plus fermées dans
le *pratense* ; une fois seulement plus grandes que le calice, et
plus ouvertes dans le *sylvaticum.* Quant à la couleur, elle
varie : car j'ai vu dans les Pyrénées le *pratense* à corolle toute
jaune ; aussi passait-il pour le *sylvaticum.* Enfin , la limite
que M. DUBY trace entre ces deux espèces , quant à leur ha—
bitation , n'est pas toujours certaine ; car j'ai recueilli à
Labatsec, beaucoup au-dessus de la région des sapins , des

(1) J'avais cru d'abord que cette plante pouvait bien être celle dé_
signée par WILLDENOW sous le nom de *S. canina* γ. et dont il a fait
le *S. chrysanthemifolia* dans son Jardin de Berlin : mais cette es—
pèce a des bractées trilobées, tandis qu'elles sont simples et caduques dans mes echantillons. dont les feuilles sont aussi plus découpées que dans la figure de WILLDENOW (hort. berol. T. 59).

(2) Il faut corriger SPRENGEL (syst. veg. II. 783), qui dit tout le
contraire.

échantillons que j'avais pris d'abord pour le *M. sylvaticum* ;
la fleur jaune et le non développement des feuilles supérieures
contribuaient encore à mon erreur : mais je les ai reconnus
pour appartenir au *M. pratense* par la forme de leur calice et
la grandeur de leur fleur.

C'est le *M. pratense*, et non le *sylvaticum*, qui croît aux
environs de Paris. J'ai le *sylvaticum* des Vosges et des Alpes.

———

LIV. Je regrette beaucoup de ne point avoir étudié à l'é-
tat frais les espèces de la section des *Euphrasia officinalis*,
alpina et *minima* ; peut-être y aurais-je trouvé plus de différence que sur le sec. Quoiqu'il en soit, voici les observations
que j'ai pu faire sur ces plantes. Il faut reconnaître,

1.° Que la forme des *Feuilles* offre un mauvais caractère
spécifique. On en distingue de deux sortes : — *A*. Feuilles ovales,
à dents obtuses ou pointues. — *B*. Feuilles lancéolées subpinna-
tifides, c'est-à-dire à dents étroites, longues et acérées.

2.° Qu'on distingue aussi deux sortes de *Fleurs*, qui présenteraient peut-être un meilleur caractère que les feuilles :
— *A*. Fleurs de 4 à 6 lignes de longueur, à lèvre supérieure
presque plane, à lèvre inférieure plus longue que la supérieure. Ces fleurs sont blanches, mêlées de jaune et de violet,
et quelquefois violettes en grande partie. J'en ai trouvé dans
les Pyrénées avec les feuilles *A* à dents obtuses ; la tige est
simple et très-courte : j'ai la même variété des Alpes ; c'est
l'*E. officinalis* de Persoon. Celui des environs de Nancy (*E.
officinalis* Linn. *E. nemorosa* Pers. *E. Rostkoviana* Hayn.
non Fleisch.) a les feuilles *A* à dents pointues, les fleurs
blanches tachées de jaune et d'un peu de violet, le calice
glanduleux ; il est absolument conforme à la figure de Camerarius, citée par Linné ; à celle de Rivin, citée par Willdenow ; à celle de Bulliard, citée par de Candolle, et à celle
des illustrations (T. 518. f. 2), que de Candolle (fl. fr.) rapporte par erreur à l'*E. alpina*, mais que Poiret a restituée

à l'*E. officinalis*. L'*E. alpina* de LAMARCK ne me paraît que de l'*E. officinalis* avec les feuilles *B* ; j'en possède un échantillon de Suisse, dont les fleurs ont 6 lignes de longueur. L'*E. salisburgensis* HOPP. est la même espèce ou variété, à fleurs un peu moins grandes. On trouve encore à Nancy, sur les coteaux secs, une variété intermédiaire, à tige simple, et à feuilles approchant beaucoup de celles de l'*E. alpina* ; ses fleurs sont presque entièrement de couleur violette, et son calice ne paraît pas glanduleux. C'est à celle-ci que HAYNE réserve le nom d'*E. officinalis* (1). — *B*. Fleurs de 2 à 3 lignes, dont la lèvre supérieure est un peu plus en casque que dans les fleurs *A* (ce qui avait engagé LAPEYROUSE à les placer dans le genre *Bartsia* (2)), et dont la lèvre inférieure n'est que de la longueur de la supérieure. J'ai vu trois variations principales pour la couleur de ces petites fleurs. Elles sont : ou entièrement jaunes, à feuilles *A* ; c'est l'*E. minima* JACQ. (*Bartsia humilis* LAPEYR. *E. Rostkoviana* FLEISCH. exs. ex REICHENB.). La seconde variation a la lèvre supérieure violette, et l'inférieure jaune. Dans la troisième, la fleur est presque entièrement violette. J'ai ces dernières variations des Alpes et des Pyrénées. Mais je dois signaler une variété remarquable, qui est à l'*E. minima* ce que l'*E. alpina* est à l'*officinalis*. La fleur, de la forme indiquée en *B*, est d'un pourpre foncé, excepté le tube qui est blanchâtre ; les feuilles sont de la forme *B*. Cette plante, que j'ai cueillie à la Penna blanca, revers espagnol du port de Bénasque, est le *Bartsia imbricata* de LAPEYROUSE, qu'il faut, avec BENTHAM (catal. des pl. des Pyr.), réunir à l'*E. minima*, et non à l'*officinalis*. Elle est très-remarquable par la teinte pourpre-foncé de ses feuilles et de ses bractées, teinte qui s'efface par la dessication. Je la pos-

(1) Voyez REICHENB. Icon. bot. 4.ᵉ cent. p. 39.

(2) J'aurais pu regarder ce caractère comme spécifique, si je n'avais vu la forme du casque s'effacer souvent à l'entier développement de la fleur.

sède aussi de Suisse, mais je ne puis dire si elle était aussi pourprée (1). Afin de lui donner un nom analogue à ceux des autres espèces de ce groupe, je l'appellerai *E. Lapeyrousii*; celui d'*E. imbricata* ayant été appliqué par Thore à une autre variété que je ne connais pas, mais qui doit probablement rentrer dans une de celles signalées ci—dessus.

J'ai recherché si les graines présenteraient quelques différences spécifiques. Je ne possédais en fruit que des échantillons de cette variation que j'ai dit être l'*E. officinalis* de Hayne, et de l'*E. Lapeyrousii*. Ces graines sont oblongues, brunes avec des côtes longitudinales d'un beau blanc. Celles du *Lapeyrousii* m'ont paru plus alongées et un peu plus grosses que celles de l'*officinalis*, quoique celles-ci appartîssent à une plante plus grande. Dans ces dernières, les côtes blanches sont de même largeur que les lignes brunes; elles laissent à peine apercevoir du brun dans le *Lapeyrousii*; mais ces modifications sont bien faibles, et ont besoin, au reste, d'être étudiées sur le frais, et dans un état complet de maturité.

Je vais présenter un résumé des observations précédentes, et indiquer les opinions qui partagent les botanistes au sujet de ces espèces :

1.re op. (Lapeyr.)............................... 4 Espèces.

2.e op. (mon herb.).............. 2 espèces......... 4 Variétés.

3.e op. (Smith).... 1 espèce .... 2 variétés........ 4 Variations.

E. officinalis.
- Fl. A. *E. officinalis*
  - Feuil. A. *E. officinalis.*
  - Feuil. B. *E. alpina.*
- Fl. B. *E. minima.*
  - Feuil. A. *E. minima.*
  - Feuil. B. *E. Lapeyrous.*

Comme les caractères fournis par les feuilles sont insuffisants, s'il n'y a d'autres différences entre ces plantes que la grandeur relative de leurs fleurs, la famille des Rhinanthacées est trop voisine de celle des Labiées, dans laquelle la grandeur

(1) Au reste, la teinte pourpre peut provenir de l'exposition méridionale où se trouve la plante des Pyrénées.

de la corolle n'a aucune valeur spécifique , pour ne pas pen-
cher vers la 3.ᵉ opinion , que M. DE CANDOLLE paraît disposé
à adopter , dans le supplément de la Flore française.

Une 4.ᵉ opinion est celle de SPRENGEL ; mais elle ne me
paraît pas soutenable. La voici :

4.ᵉ op. (SPRENG.) . . . . 2 espèces . . . . 4 variétés.

Euphrasia.
Feuil. A. *E. officinalis.* — Fl. A. *E. officinalis.* / Fl. B. *E. minima.*
Feuil. B. *E. alpina* . . . — Fl. A. *E. alpina.* / Fl. B. *E. Lapeyrousii*

LV. LINNÉ , dans son *Species* (I. 842), décrit deux Eufraises à fleurs jaunes , l'*Euphrasia lutea* et l'*E. linifolia*. Le
premier , qui est l'*Euphragia lutea montana angustifolia
major altera* de COLUMNA (ecphr. I. p. 204. T. 203), est ainsi
spécifié : *E. foliis linearibus serratis , superioribus integerrimis;* et le second , ou *Euphragia linifolia* de COLUMNA (l. c.
II. p. 68. T. 69), a pour phrase caractéristique : *E. foliis
linearibus, omnibus integerrimis , calycibus villoso-viscidis.*
A cette dernière espèce est joint, comme variété β , le *Pedicularis annua lutea tenuifolia viscosa pomum redolens* de
GARIDEL (aix, p. 351. T. 80), que LINNÉ, dans son *Mantissa*
(p. 86), a élevé depuis au rang d'espèce sous le nom d'*E. viscosa* , ainsi caractérisé : *E. foliis linearibus , calycibus glu-
tinoso-hispidis.* Si l'on compare cette phrase à celle de l'*E.
linifolia* du *Species* , on n'y trouvera aucun caractère diffé-
rentiel ; aussi , dans le *Systema vegetabilium* , le caractère
« *calycibus villoso-viscidis* » du *linifolia* est-il changé , d'après
GÉRARD (prov. p. 285), en celui de : *calycibus glabris.* Voici
donc, selon LINNÉ , la manière de distinguer ces trois plantes :

Euphrasia jaune, à feuil. linéaires
- les inférieures dentées , les supérieures entières . . . . *lutea.*
- toutes entières
  - calice glabre . . . . *linifolia.*
  - calice glutinoso-hispide. *viscosa.*

Mais un autre caractère indiqué par LINNÉ dans son *Man-*

tissa, c'est que l'*E. viscosa* a la corolle close et non plus courte que les étamines. Si on s'en rapportait à la fig. de COLUMNA (l. c. T. 69), il faudrait accorder le même caractère à l'*E. linifolia* (1).

Je vais chercher à rapporter à ces espèces les Eufraises à fleurs jaunes que je connais, et d'abord celle qui croît aux environs de Nancy, et qui a toujours été prise pour l'*E. lutea*, jusqu'à l'instant où des botanistes fort instruits, à qui j'en ai communiqué des échantillons, ont voulu y reconnaître l'*E. linifolia*. Cette plante de Nancy est un peu visqueuse (2); elle a les feuilles linéaires, les inférieures munies de dents peu prononcées et écartées, les supérieures plus étroites et très-entières ; la corolle très-ouverte, les étamines saillantes, le calice tantôt glabre, tantôt pileux, mais non pas glutinoso—hispide, comme dans le *viscosa*; enfin, elle convient parfaitement à la fig. de COLUMNA (l. c. T. 203) (3). C'est donc l'*E. lutea* de LINNÉ (4). A. THOMAS me l'a envoyé de Suisse sous ce nom.

J'ai cueilli au Pont du Gard une plante qui ressemble beaucoup à la précédente; mais toutes ses feuilles sont entières.

(1) Dans sa planche de l'*E. lutea*, il ne manque pas de dessiner les étamines saillantes. — Remarquez que la phrase ajoutée par LINNÉ, dans son *Species*, à la plante β (*E. viscosa* du *Mantissa*), n'a pas pour but de distinguer cette plante du type (*E. linifolia*), mais bien de l'espèce précédente (*E. lutea*). Dans le *Species*, après le mot *differt*, il manque : *ab E. lutea*, ce qui est clairement expliqué dans le *Mantissa*.

(2) L'*E. linifolia* n'est pas visqueux selon DE CANDOLLE (fl. fr. analys.).

(3) La fig. de MORISON, aussi citée par LINNÉ, est copiée sur celle de COLUMNA, mais peu fidèlement ; elle a les feuilles trop profondément dentées. C'est peut-être cette figure de MORISON qui a engagé LINNÉ à mettre dans sa phrase : *foliis serratis*, au lieu de *foliis dentatis* qui eût été plus convenable.

(4) C'est aussi celui de LAMARCK (dict.) et de DE CANDOLLE (fl. fr.)

Je l'ai aussi reçue de la Moselle, de la Meuse, de l'Isère (1),
de la Lozère, de l'Hérault et du Piémont, tantôt sous le nom
d'*E. lutea*, tantôt sous celui d'*E. linifolia* : c'est à cette dernière espèce qu'on la rapporte le plus souvent; mais, outre
qu'elle diffère de la fig. de COLUMNA par sa corolle très-ouverte et ses étamines saillantes, elle ressemble tellement à l'*E.
lutea*, avec lequel elle croît à Nancy, que je ne puis même la
considérer comme une variété (2).

Ceux qui regardent les plantes dont je viens de parler comme
appartenant toutes deux à l'*E. linifolia*, prennent pour le
véritable *lutea* une plante qui croît dans le Midi, mais beaucoup plus rarement que la précédente, et que j'ai vue dans
l'herbier de M. MOUGEOT, envoyée par M. CLARION. Cette
plante diffère beaucoup de l'*E. lutea* de Nancy : ses feuilles
sont linéaires-lancéolées et toutes dentées comme dans l'*E.
odontites*, ce qui m'empêche de la considérer comme le
lutea de LINNÉ. Elle ressemble tellement à l'*odontites*, que
je la prendrais pour cette espèce, si ce n'était la couleur de la
fleur (3). Comme je n'en ai vu que deux échantillons, je ne

(1) Je tiens cet échantillon de M. DE MIRBEL, qui m'écrivait :
« Je n'ai pas trouvé l'*E. lutea* dans l'herbier de VILLARS; il n'y a que
« le *linifolia*, c'est-à-dire la plante que je vous envoie, quoiqu'il y
« en ait une douzaine au moins d'échantillons, qu'il a recueillis, soit
« en Dauphiné, soit en Suisse. »

(2) LAMARCK (dict.) dit que les feuilles de l'*E. lutea* peuvent être
dentées ou entières; il rejette l'*E. linifolia* à la fin du genre, comme
espèce douteuse.

(3) Cette couleur n'est plus perceptible sur les échantillons de
M. MOUGEOT; mais il fallait qu'elle fût d'un jaune bien intense,
pour qu'un botaniste tel que M. CLARION ne reconnût pas dans cette
plante l'*E. odontites*. Maintenant, serait-il possible de ne regarder
cette teinte dorée que comme une variété de la couleur violette
qu'affecte ordinairement la corolle de l'*odontites*? L'exemple de l'*E.
minima* pourrait faire résoudre ce doute affirmativement : mais le jaune
de ce dernier n'est jamais aussi foncé que celui de l'*E. lutea*. C'est à
M. CLARION, et aux botanistes qui retrouveront sa plante, à décider
cette question.

puis qu'appeler l'attention des botanistes **du Midi** sur cette plante.

L'*E. viscosa* diffère suffisamment des précédentes par ses étamines non saillantes, et par son calice couvert de poils entremêlés d'une gomme rouge transparente.

LVI. J'ai trouvé dans l'herbier de mon oncle (P. R. Fr. de P. WILLEMET) une plante que je regarde comme hybride des *Veronica officinalis*, dont elle a le feuillage, et *Teucrium*, dont elle a la fleur. En voici la description :

V. (officinali-teucrium nob.) — Radix.... Caulis dodrantalis, ascendens, teres, basi suffruticoso-repens, prope terram emittens ramos alternos, brevè pilosos, foliis oppositis subsessilibus, ut in V. officinali, sed crenulis majoribus et remotioribus, pilis raris in paginis, margine ciliatis. Spica unica, subterminalis, spithamea, pilosiuscula, omninò floribus instructa, basi foliosa. Pedunculi filiformes, pilosi, 2-3-lin. longi. Bracteæ pedunculum æquantes, nonnunquàm longiores, lanceolatæ, obtusæ, ciliatæ. Calyx 4-partitus, pilosiusculus, laciniis inæqualibus, 2 exterioribus longioribus, lanceolato-linearibus, ciliatis. Corolla cærulea, ut in V. Teucrio.

Cette plante diffère du *V. officinalis* par ses fleurs une fois plus grandes, par ses pédoncules et ses bractées plus longues, etc. ; du *V. Teucrium* par ses tiges rameuses, par ses épis garnis de fleurs jusqu'en bas, et non pas nus dans leur moitié inférieure, par la forme des feuilles, etc. Je l'avais prise pour le *V. dubia* DE C., que je ne connais que par les descriptions ; mais les poils ne sont pas rangés sur deux séries, et elle est loin de ressembler autant au *V. officinalis* que le disent du *V. dubia* MM. DE LAPEYROUSE (suppl. 6) et LOISELEUR (fl. gall. ed. 2. I. 9). Elle a beaucoup de rapports avec la figure de MORISON (sect. 3, T. 22. f. 7); mais les bractées ne sont pas pointues ni aussi longues.

Cette hybride a été trouvée une seule fois dans une prairie aux portes de Nancy. Elle est stérile.

LVII. Le *Sideritis pyrenaïca* POIR. (*crenata* LAPEYR.) ne peut être confondu ni avec l'*hyssopifolia*, ni avec le *scordioïdes*. C'est du premier que le rapprochent MM. LOISELEUR (ed. 2) et DUBY ; celui-ci va même jusqu'à le citer comme simple synonyme. J'ai des échantillons du *S. hyssopifolia* du Dauphiné, et d'autres cultivés, qui se rapportent bien à la figure de CLUSIUS (hist. II. 41) citée par LINNÉ, et assez bien à sa description, quoiqu'il dise les feuilles très-entières, et qu'elles aient une ou deux dents dans les échantillons spontanés. Mais comment a-t-on pu y rapporter le *S. pyrenaica*, lorsque LINNÉ dit de son *hyssopifolia* : « *foliis lanceolatis glabris integerrimis* » ; tandis que le *S. pyrenaïca* se reconnaît toujours à ses feuilles velues, non-seulement au bord, mais sur toutes les nervures, obovales, crénelées dans leur moitié supérieure et très-obtuses (et non pointues ou au moins mucronées)? Certes, si c'est une variété du *S. hyssopifolia*, c'est une variété bien remarquable. Les fleurs, comme le dit très-bien POIRET, deviennent, dans l'herbier, brunes avec un liséré jaune. Sa description est fort bonne, excepté qu'il n'a pas vu les épis très-alongés et interrompus, comme ils le sont dans quelques-uns de mes échantillons. J'ai aussi cette plante du Jardin de Paris, envoyée sous le nom de *S. hyssopifolia*.

LVIII. HALLER et VILLARS n'ont fait qu'une seule espèce des *Androsace alpina* et *pubescens* de DE CANDOLLE ; LAPEYROUSE, et, en dernier lieu, ROEMER et SCHULTES (syst. IV. 163) et SPRENGEL (syst. I. 578), y ont encore réuni son *A. ciliata*. Je possède ces trois plantes dans mon herbier, et je crois qu'elles forment au moins deux, et peut-être trois espèces distinctes. Je vais d'abord chercher à reconnaître mes échantillons ; j'examinerai ensuite lesquels il faut rapporter à l'*Aretia alpina* de LINNÉ (spec. 203).

Une de ces plantes, que M. MONNIER m'a rapportée du Col des Fenestres (Savoie), et que j'ai aussi des Alpes du Tyrol, a les feuilles grisâtres ; vues à la loupe, elles présentent sur leurs surfaces, mais surtout vers l'extrémité, des poils tous très-rameux ou étoilés au sommet. Les fleurs sont assez petites, terminales ou latérales, et portées sur des pédoncules de deux lignes, qui s'alongent pendant la fructification ; la corolle est rose et la gorge pourpre. C'est évidemment l'*A. alpina* de DE CANDOLLE ; c'est aussi celui de LAMARCK (dict. I. 162), de LINK (enum. I. 156, sub *Aretia*), de DUBY (bot. I. 382), de LOISELEUR (gall. I. 157, sub *Aretia*), etc. Enfin, c'est l'*A. aretia* b. de VILLARS (Dauph. II. 473.), et le n.° 618 β et γ de HALLER. Nous ne l'avons pas vue dans les Pyrénées, non plus que M. BENTHAM.

La seconde, que M. DE MIRIBEL m'a envoyée du Lautaret, a les feuilles d'un vert gai, à poils simples ou bifurqués au sommet, placés sur les deux surfaces dans les jeunes feuilles et seulement sur les bords dans les vieilles. Les fleurs sont plus grandes que dans la précédente et ne dépassent pas les feuilles ; elles m'ont paru toutes terminales ; la corolle est blanche et la gorge orangée ainsi que le tube. C'est l'*A. pubescens* de MM. DE CANDOLLE, DUBY et LOISELEUR ; l'*A. aretia* c. de VILLARS, et le n.° 618 α de HALLER. Nous ne l'avons pas rencontrée dans les Pyrénées (1).

La troisième, enfin, cueillie par M. MONNIER au Mont-Perdu (Pyrénées espagnoles), a les feuilles de même couleur que la précédente, mais plus longues et plus larges, et garnies seulement aux bords de poils simples ou bifurqués. Les fleurs sont encore plus grandes que dans le *pubescens* ; elles sont terminales ou latérales, portées sur des pédoncules qui

____

(1) M. GAY l'a trouvée au sommet du port d'Oo ; il ne l'a vue que là. Voy. GAUD. fl. helv. II. 107.

ont jusqu'à 6 lignes de longueur ; la corolle est violette, à gorge et tube orangés. C'est l'*A. ciliata*. DE C., DUB., LOIS. On voit qu'il diffère du *pubescens* par ses feuilles ordinairement dépourvues de poils sur les surfaces, par la couleur des fleurs et surtout par la longueur des pédoncules. Est-ce bien une espèce? Mais, en tous cas, si elle devait être réunie à l'une des deux précédentes, ce serait très-certainement à la seconde, et non à la première, dont elle diffère, non-seulement par les mêmes caractères, mais aussi par la grandeur de toutes ses parties et surtout par la nature des poils, considération qui me paraît importante.

Nous voyons jusqu'à présent que c'est la première de ces trois plantes qu'on rapporte à l'*Aretia alpina* de LINNÉ. Mais M. HEGETSCHWEILER (Reis. 144) lui donne le nom d'*A. intermedia*, et cite deux auteurs qui ont déjà changé son nom, savoir : SCHLEICHER qui, dans son catalogue, l'appelle *A. glacialis*, et M. GAUDIN qui l'envoie sous le nom d'*A. pennina* (1). C'est à la seconde qu'ils appliquent le nom d'*A. alpina*. Mais je ne puis partager l'opinion de ces botanistes. Les deux seuls synonymes que LINNÉ cite dans son *Species* sont HALLER

(1) M. GAUDIN (helv. II. 107.) regarde effectivement l'*A. pubescens* de DE CANDOLLE comme le véritable *Aretia alpina* LINN., et il décrit notre *alpina* sous le nom de *pennina*. Voici comme il les distingue :

<table>
<tr><td>

A. (*alpina* GAUD. non DE CAND.) *foliis elongatis spathulato-ellipticis pubescentibus, pilis simplicibus furcatis ramosisve* (*). *pedunculis vix exsertis.— Corolla alba, centro luteola.*

</td><td>

A. (*pennina* GAUD.) *foliis latius imbricatis lineari-obovatis incano-pubescentibus, pilis ramosis stellatisque, pedunculis exsertis terminalibus axillaribusque. — Corolla pulchrè rosea, circulo centrali purpureo.*

</td></tr>
</table>

Les deux descriptions qu'en donne M. GAUDIN n'ont pas changé mon opinion relativement au véritable *A. alpina*; mais elles ont été favorables à l'*A. ciliata*, que je suis porté à regarder comme espèce distincte.

(*) Je crois que l'épithète *ramosis* doit être effacée.

et les Aménités. HALLER, comme nous l'avons vu, confondait les deux espèces, et il est vrai que sa var. α est le *pubescens*; mais 1.° sa fig. (enum. T. 8, ou helv. T. 11. f. 1.), aussi citée par LINNÉ, représente de très-longs pédoncules (1), et la plante des Aménités (I. 164. not.) est ainsi spécifiée : « *A. caulescens foliis alternis pedunculis unifloris* »; 2.° on lit dans le *Systema* (162): « *A. (alpina) foliis linearibus patentibus, flor. pedunculatis. — Flores cærulei.* » Tout cela ne convient pas à l'*A. pubescens*, dont les feuilles sont ordinairement en rosettes (2), et qui se distingue à ses fleurs blanches presque sessiles. L'*A. alpina* DE C. est donc bien l'*Aretia alpina* LINN., et il faut y joindre, comme synonymes, les *A. glacialis* SCHL., *pennina* GAUD. et *intermedia* HEGETSCH. M. HEGETSCHWEILER a en outre le tort de réunir (avec doute il est vrai) l'*A. ciliata* DE C. à son *intermedia*; déjà ROEMER et SCHULTES l'avaient confondu avec le *pennina* de M. GAUDIN.

LIX. M. REICHENBACH (Icon. bot. cent. 3. p. 47. T. 248. f. 408) établit, d'après LAMARCK et ROEMER et SCHULTES, un *Androsace incana*, fort voisin du *villosa*, et qui se trouve ainsi spécifié :

« *A. (incana* LAM., R. et S. p. 155) *foliis angustè lan-*
« *ceolatis densè rosulatis, undiquè candidè villosis, pedicel-*
« *lis involucro longioribus.* REICH. — *Ab affini A. villosá*
« *facilè notis nostris distinguitur. Villi ferè candicant, in*
« *foliorum apice penicillatim conniventes ; folia ceterùm et*

(1) Cette figure ressemble plutôt, par le port, à l'*A. ciliata* qu'à l'*alpina*; jamais ce dernier, lorsqu'il n'est qu'en fleur, n'a les pédoncules aussi longs. La fig. 3, T. 98 des illustrations, n'est qu'une copie de celle de HALLER.

(2) Dans l'*alpina*, les tiges fleuries s'alongent et les feuilles deviennent alternes, ce qui n'arrive pas, à ce qu'il me paraît, dans le *pubescens*.

« *calycis laciniæ angustiores. Corollam faucis glandulosam*
« *interruptam inveni, in A. villosá continuam.* »

De tous les échantillons que je possède, ce sont ceux du
Mont-Ventoux qui appartiennent le plus sûrement à l'*A. in-*
cana, et un échantillon de Suisse au *villosa*. Ceux des Pyrénées et du Dauphiné paraissent être plutôt l'*incana* que le
villosa, à cause du pinceau de poils de l'extrémité des
feuilles ; mais ces feuilles ne sont pas velues sur les deux surfaces : elles ne le sont que sur l'inférieure, et le plus souvent
les deux pages sont glabres. Aucun de mes échantillons, pas
même ceux du Mont-Ventoux, n'ont l'involucre plus court
que les pédicelles. Je ne vois donc là que des variations, et
pas d'espèces distinctes.

LX. Je suis étonné que M. Loiseleur ait conservé le *Pri-*
mula brevistyla, que M. de Candolle lui-même a supprimé
dans le *Botanicon gallicum* de M. Duby. Si l'insertion des
étamines à l'entrée du tube offrait un caractère spécifique dans
les Primevères, il faudrait doubler toutes les espèces de ce
genre. J'ai dit (Ann. de la Soc. Linn. de Paris, IV (sept.
1825), p. 287) que mon collègue et ami, M. Holandre de
Metz, a semé la graine du prétendu *P. brevistyla*, et qu'il a
obtenu les deux variétés presque en nombre égal.

LXI. J'ai reçu de M. de Miribel les *Primula hirsuta* et
viscosa, comparés dans l'herbier de Villars ; s'ils ne forment
pas deux espèces, il faut au moins les distinguer comme variétés.

Le *P. hirsuta* Vill. est haut de 5 à 6 pouces ; les feuilles
sont ovales, atténuées à la base, garnies en leurs bords de
dents écartées et irrégulières ; l'ombelle a, à sa base, un involucre polyphylle de deux lignes de longueur ; les divisions du
calice sont presque pointues, et atteignent à peu près la moi-

tié de sa longueur ; la fleur est grande, d'un violet bien prononcé. Mes échantillons viennent du Lautaret. C'est la même plante, à ce qu'il me paraît, que M. Coder nous a donnée du Canigou. C'est aussi, je crois, le *P. latifolia* Thom. exs.

Le *P. viscosa* Vill. varie depuis un pouce et demi jusqu'à 3 pouces de hauteur ; les feuilles sont obovales ou rondes, avec un pétiole ailé, et des dents plus arrondies et plus rapprochées ; l'involucre est à peine sensible, ou n'a guères qu'une ligne de longueur ; le calice est divisé à son sommet en cinq crénelures arrondies ; la fleur est moins grande et d'un beau rose. Il vient de la montagne de Revel. M. Monnier l'a cueilli au lac d'Artouste et à la vallée d'Estaubé (Basses et hautes Pyrénées). Je l'ai aussi de la vallée de Chamonix et des Alpes autrichiennes.

L'insertion des étamines varie dans ces deux espèces ou variétés. Dans l'une et l'autre, les divisions de la corolle sont franchement et largement obcordées.

Mais je possède une plante de Suisse, bien rapprochée des précédentes, quoiqu'elle paraisse en différer. Elle est haute d'un pouce et demi ; ses feuilles sont ovales, dentées, de 6 lignes sur 2 ½. Elle a plutôt le calice du *viscosa* que de l'*hirsuta* ; mais la principale différence est dans la corolle, dont les divisions ne sont pas obcordées, mais forment des languettes de deux lignes sur une, presque pas élargies au sommet, où elles sont échancrées (1).

LXII. Les Primevères ne sont pas les seules Primulacées où les styles varient de longueur dans la même espèce : ce phénomène se remarque aussi dans les Soldanelles, et il est accompagné de quelques différences que Clusius avait remarquées, et qui l'avaient engagé à établir ses *Soldanella alpina major* et *minor*. Ces deux modifications, qui appartiennent sans doute

(1) C'est, je crois, le *P. viscosa α. minor*. Gaud. helv. II. 90.

à la même espèce, sont dessinées dans MORISON (sect. 3. T. 15.
f. 8 et 9). SCHMIDT (fl. bohem.) et WILLDENOW (enumer.)
ont fait deux espèces de ces deux variétés ; mais avec cette
différence, que le *S. alpina* de SCHMIDT est le *montana* de
WILLDENOW, et que l'*alpina* de celui-ci est le *Clusii* du premier. C'est évidemment SCHMIDT qui a raison, car LINNÉ ne
cite, pour son *S. alpina*, que le *S. a. major* (MORIS. l. c.
f. 8). C'est cette plante, dont le style est saillant et les
feuilles assez grandes et souvent lobées, qui est la plus commune : c'est elle seule que l'on trouve aux Pyrénées, comme
le dit très-bien DE CANDOLLE (fl. fr. suppl. p. 385) ; mais c'est
sans doute par erreur qu'il la rapporte au *S. Clusii*. Celui-ci,
que j'ai des Alpes, ainsi que son congénère, est plus petit ;
son style ne dépasse pas la corolle, et les feuilles sont bien
ainsi que les représente MORISON (l. c. f. 9). Ce ne peut être
deux espèces distinctes, mais ce n'est pas non plus deux variations. Il faut adopter le sentiment de PERSOON, qui fait du
S. Clusii la var. β du *S. alpina* de LINNÉ.

LXIII. Le *Rumex aquaticus* de LINNÉ a donné lieu à de
fréquentes contestations, et il est certain, d'après la phrase du
Species (479) : « R. *floribus hermaphroditis, valvulis inte-
« gerrimis nudis, foliis cordatis acutis* », que ce qu'on
prend en France pour cette espèce, n'y appartient pas.

Deux plantes sont évidemment confondues dans les synonymes cités par LINNÉ. Ceux dont les feuilles sont cordées,
et qui, par conséquent, paraissent se rapporter au *R. aquaticus*, sont : 1.º l'*Hydrolapathum* (et non *Hippolapathum*) de
DALÉCHAMPS (hist. 604). Cette figure est copiée (retournée) sur
celle de LOBEL (*Hydrolapathum majus* hist. 151), qui a été
reproduite dans les *Icones* (Lob. ic. 285. f. 2), et qui se voit
aussi dans DODOENS (*Hydrolapathum sativum* (1) pempt. 648)

---

(1) Quoique les fig. de DALÉCHAMPS et de DODOENS soient les
mêmes, LINNÉ cite la première pour le *R. aquaticus* et la seconde
pour le *patientia*.

et dans Morison (sect. 5. T. 27. f. 4); 2.° l'*Hippolapathum* de Camerarius (ep. 232), qu'on retrouve (retourn.) dans Mathiole (ed. valgr. 407) sous le nom d'*Hippolapathum horten. sive rhabarb. monac.* (1).

Les synonymes qu'il faut exclure du *R. aquaticus* de Linné, sont (2): 1.° le *Lapathum aquaticum folio cubitali* de C. Bauhin (pin. 116); 2.° le *Lapathum palustre* de Tabernæmontanus (ic. 437), dont la fig. est copiée (retourn.) par J. Bauhin (*Lapathum maximum aquaticum, s. Hydrolapathum* hist. II. 987); 3.° l'*Herba britannica* de Munting (brit. T. 1., teste Wallroth). Toutes ces plantes ont les feuilles atténuées à leur base au lieu d'être cordées, et elles appartiennent au *R. hydrolapathum* d'Hudson (angl. 154), ainsi spécifié : « *R. « floribus hermaphroditis, valvulis integerrimis graniferis, « foliis lanceolatis glabris acutis integerrimis basi attenuatis* ». C'est la plante qui croît à Nancy au bord de nos rivières, comme je l'ai démontré dans des notes adressées à la Société Linnéenne de Paris, en avril 1822. C'est elle que M. DE Candolle désigne sous le nom de *R. aquaticus* (fl. fr. III. 373, excl. syn. Linn).

M. Wallroth (sched. crit. 172 et seq.) a écrit un savant commentaire sur ces deux espèces et sur une troisième, le *R. maximus* de Schreber (non Gmel. (3)), qui est peut-être une

____

(1) Les figures des anciens auteurs qu'on y joint sont : celle de Lobel (*Lapathum fol. min. auct.* ic. 285. f. 1), copiée par Morison (sect. 5. T. 27. f. 10), et celle de Dodoens (*Hippolapathum, s. Rhabarb. monac.* peihpt. 648), aussi copiée par Morison (l. c. f. 10 bis). M. Wallroth (sched. crit. 177) y ajoute celle de Fuchs (*Rumicis 2 genus* hist. 462), copiée par J. Bauhin (*Lapathum majus, s. Rhabarb. monac.* hist. II. 985), figure que M. Duby rapporte au *R. patientia* (bot. gall. 1. 401).

(2) Ces synonymes qu'il faut exclure sont pourtant les seuls que Linné cite dans le *Flora suecica* (ed. 2. n. 315) pour son *R. aquaticus*, auquel il donne toujours des feuilles cordées.

(3) Le *R. maximus* Gmel. (bad. II. 99.) est le *R. hydrolapathum.*

hybride des deux autres, et qui ressemble beaucoup à l'*a-
quaticus*, dont il diffère par ses feuilles moins cordées et par
ses valvules toutes munies d'un tubercule lancéolé (1).

M. Reichenbach (ic. bot. cent. 4. p. 52. T. 369 et 370) a
illustré les *R. aquaticus* et *hydrolapathum* par deux bonnes
figures dessinées sur des échantillons de la flore de Dresde.

M. Moretti a aussi cherché à débrouiller la synonymie de
ces deux espèces (relativement surtout aux auteurs Italiens),
dans les *Osservazioni intorno ad alcune specie onde rettifi-
care la sinonimia*, insérés dans son *Botanico italiano* , n.° **3**
(Giorn. di fis. e chim. di Pavia. 3.° bim. 1826. p. 243). Le *R.
hydrolapathum* seul croît en Italie.

M. Duby (bot. gall. I. 401) ne cite que l'*aquaticus* du *Synopsis* de de Candolle, qui paraît être celui de Linné (et non
celui de la Flore française). M. Loiseleur Deslongchamps,
au contraire, n'a que l'*hydrolapathum* (gall. ed. 2. I. 267),
et je crois qu'il a raison.

LXIV. On ne peut pas dire que le *Polygonum persicaria*
appartienne franchement au sous-genre *Persicaria* de Tournefort ; car, quoique beaucoup de ses graines soient lenticu-
laires, la plus grande partie d'entre elles, toutes celles qui
arrivent à leur perfection, sont très-fortement triangulaires.
C'est ce qui empêchera toujours de confondre cette espèce avec
le *P. lapathifolium*, dont les cariops sont concaves sur les
deux faces. Si on joint à ce caractère constant l'absence des
cils aux stipules, peut-être trouvera-t'on que Linné a eu
raison de regarder le *lapathifolium* comme espèce distincte (2).

(1) M. Koch regarde le *R. maximus* Schreb. comme une simple
variété de l'*aquaticus* (Voy. Gaudin, helv. II. 585).

(2) Dans la 5.° centurie de son *Iconographia botanica*, M. Reichenbach conserve le *P. lapathifolium* comme espèce ; mais il en distingue ce que nous prenons pour le *lapathifolium*, c'est-à-dire le
nodosum de Persoon. Le véritable *lapathifolium*, dit-il, diffère du

Pourquoi y a-t-il tant de contradictions dans les auteurs sur le *P. incanum*, que les uns rapprochent du *persicaria* et les autres du *lapathifolium?* c'est qu'il y a véritablement deux *P. incanum*, que je possède tous deux, et qui ne sont l'un et l'autre que des variétés, ou plutôt même des variations des deux espèces en question. Le premier est celui de WILLDENOW (enum. I. 429); ce n'est évidemment qu'un *P. persicaria* à fleurs blanches; le second, mentionné par M. MÉRAT (n.^{lle} fl. de Par. II. 116. excl. syn. WILLD.), n'est qu'un *lapa-thifolium* malade, dont les feuilles se chargent alors d'une poussière blanche.

LXV. J'ai éprouvé quelque hésitation dans la détermina-tion du *Passerina dioïca* des Pyrénées, qui non-seulement a les feuilles plus étroites que celles des autres échantillons de mon herbier, cueillis par BROUSSONNET dans la France mé-ridionale, sans aucune indication précise de localité; mais dont les fleurs sont la plupart solitaires, et dont le bois est couvert de cicatrices très-serrées, caractères que DE CANDOLLE attribue au *P. nivalis*. Mais, d'une part, l'au-torité de M. DE LAPEYROUSE qui réunit le *nivalis* au *calycina*, que nous avons rapporté d'Espagne (réunion que MM. DUBY

nodosum par ses fleurs plus grandes, toujours verdâtres, et par les glandes visqueuses qui couvrent ses pédoncules, ses pétioles et le dessous de ses jeunes feuilles. Voici les phrases caractéristiques qu'il donne pour les deux espèces.

P. *(lapathifolium* AIT. *) he-xandrum, subdigynum, ascen-dens, foliis lanceolatis semi-conduplicatis laxè undulatis, ochreis muticis, pedunculis thyr-siferis perianthiis foliisque mi-noribus subtùs viscidè-glandu-losis.* REICH. l. c. 58. T. 495. *P. lapathifolium* Engl. bot. T. 1382. *P. pensylvanicum* CURT. Lond. T. 73 (non LINN.)	***P.*** *(nodosum* PERS. *) hexan-drum, reflexo-digynum, ascen-dens, foliis planis lanceolatis, inferioribus ovalibus subrotun-disve, ochreis muticis, thyrsis conjugatis continuis laxis.* REI-CHENBACH. l. c. 59. T. 496. MORI-SON. sect. 5. T. 29. f. 2. *P. pen-sylvanicum, var.* CURT. l. c. T. 74.

et LOISELEUR viennent d'approuver), et de l'autre , un examen plus attentif de ma plante , m'ont prouvé qu'elle appartient vraiment au *P. dioïca*, et c'est ce que m'a confirmé un
échantillon des Pyrénées orientales, que j'ai reçu depuis de
M. SALZMANN. Effectivement j'ai vu que , des deux fleurs géminées , que j'ai enfin remarquées dans quelques—uns de mes
échantillons , l'une se développe avant l'autre , et cause souvent l'avortement de cette dernière (1).

LXVI. Le *Parietaria judaïca* est très-commun en France ;
non-seulement il abonde dans le Midi, mais on le rencontre
encore dans nos départements de l'Est. J'en ai des échantillons de Metz et de Pont—à—Mousson.

J'ai beaucoup examiné cette plante , afin de m'assurer si
elle est vraiment distincte de l'*officinalis*, et je suis convaincu,
ou que la plante de Palestine , décrite par LINNÉ, est autre
chose que notre *judaïca* , ou que le *P. judaïca* n'est qu'une

---

(1) Je profite de cette occasion pour raconter un phénomène que
m'a fait remarquer notre célèbre chimiste, M. BRACONNOT, Directeur
du jardin des Plantes de Nancy. On cultivait en pot depuis longues
années, dans cet établissement, le *Ruellia strepens*, qui s'était toujours montré avec des pédoncules triflores et des corolles pâles,
dépassant à peine les divisions du calice. Le jardinier ayant eu l'idée,
en 1826, de mettre cette plante en pleine terre, elle a résisté à l'hiver long et rigoureux de 1826 à 1827, et, dès cette seconde année,
elle a fleuri et a présenté des corolles d'un beau bleu, de deux pouces
de longueur (deux fois plus longues que le calice), et dont le limbe
avait un pouce et demi de diamètre. Mais cet accroissement considérable avait fait avorter les deux fleurs latérales, qu'on ne distinguait
que comme deux petits boutons d'une ligne au plus de longueur. Il
paraît cependant que cette espèce n'a pas toujours trois fleurs dans
son pays natal, puisque MICHAUX dit: « *Fasciculis.... subtrifloris* ».
Au reste , on sait que le *R. strepens* varie beaucoup en Amérique,
et, selon John LECONTE, dans ses Observations sur le genre *Ruellia*,
les *R. humifusa* et *hirsuta* ne sont que des états divers de cette
plante. Enfin, le *R. clandestina* offre à peu près le même phénomène ,
car on lit dans l'*Enumeratio* de LINK (II. p. 133): « *Corolla si ex-*
« *plicatur magna, cœrulea* ».

16

modification de l'*officinalis*. Peut—être vaudrait-il mieux dire le contraire ; car le *P. judaïca* est très-commun , et l'*officinalis* m'a paru fort rare. Je ne l'ai trouvé que dans des en—droits couverts et obscurs : à Tartas, près d'une fontaine ombragée ; au Pont du Gard, dans l'aqueduc ; tandis que le *judaïca* tapisse les murs et vit au grand soleil. Bien plus, j'ai cueilli à Hyères un échantillon qui semble résoudre la ques-tion : il croissait dans le regard étroit d'un mur fort épais ; toutes les tiges qui étaient à l'ombre avaient les feuilles alon-gées de l'*officinalis* , et celles qui s'étendaient en dehors du mur étaient du *judaïca*. C'est au reste l'opinion de la plu-part des botanistes du Midi à qui j'en ai parlé; je citerai en-tr'autres MM. L. DUFOUR et REQUIEN.

Examinons les nervures de l'une et l'autre plante. Les ner-vures sont pour moi ce qu'est l'anatomie ou , pour mieux dire, l'ostéologie comparée dans le règne animal, et les ca-ractères qu'elles présentent sont trop négligés. Les nervures sont exactement les mêmes dans les deux prétendues espèces ; mais le parenchyme prend souvent de l'accroissement à l'une et l'autre extrémité du limbe qu'il rend acuminé au sommet et atténué à la base, d'où le caractère assigné par M. LOISE-LEUR à l'*officinalis* : « *Foliis basi uninerviis* »; mais ce carac-tère varie dans le même individu, selon que les feuilles sont plus ou moins atténuées à la base. Les autres caractères diffé-rentiels de ces deux plantes ne me paraissent pas plus spécifi-ques.

LXVII. M. DE MIRIBEL m'a envoyé du Dauphiné un Ge-névrier qui me paraît devoir être réuni, comme variété, au *Juniperus phœnicea*, auquel il ressemble beaucoup. Il en diffère en ce que le feuillage a une teinte glauque, et surtout que les baies , au lieu d'être jaunes ou brunes, sont de cou-leur bleue , comme dans le *J. sabina*. Cet arbre croît à St.—Lynard , près de Grenoble.

LXVIII. J'ai rapporté des Pyrénées le *Pinus pyrenaïca* de
LAPEYROUSE (suppl. p. 146), et je crois pouvoir assurer qu'il
est différent de tout ce que l'on connaît, et qu'il mérite d'être
conservé comme espèce.

LXIX. On trouve quelquefois aux environs de Nancy un
Ophrys anthropophora monstrueux, dans lequel le labelle a
perdu cette forme anthropoïde qui le rend si remarquable ; il
est devenu semblable aux trois divisions extérieures du calice.
C'est un phénomène analogue à celui que présente quelquefois l'*Orchis latifolia*, et qui est décrit et si ingénieusement
expliqué par M. A. RICHARD, dans le tome I.er des Mémoires
de la Société d'histoire naturelle de Paris , p. 202, T. 3.; c'est
un retour au type. Cependant notre fleur n'est pas devenue
aussi régulière ; car les deux divisions internes et supérieures
du calice , quoique de même forme que les quatre autres ,
sont plus petites. Dans toutes les fleurs que j'ai examinées, je
n'ai vu que le premier degré d'altération signalé par M. RI-
CHARD, l. c. p. 206.

LXX. M. DUBY (bot. gall. I. 477) demande si le *Juncus repens* REQ. n'est pas une variété du *J. acutiflorus*. Je
ne connais pas le *J. repens* ; mais ce qui me fait croire que la
conjecture de M. DUBY est juste, c'est que M. DE MIRIBEL m'a
envoyé, des bords de l'Isère , une modification semblable du
J. lampocarpus. Ces deux variétés seraient à leurs types
comme l'*Alisma repens* au *ranunculoïdes*.

LXXI. On ne s'entend pas sur les *Scirpus multicaulis,
bœothryon. campestris*, et même le *S. cæspitosus*, que quelques personnes confondent avec les trois premiers, quoiqu'il
soit bien facile à reconnaître à ses gaines qui se terminent
supérieurement par un appendice foliacé plus ou moins long ,

ce dont on peut s'assurer en consultant Scheuchzer, Agr. T. 7.
f. 18, cité par Linné (1), et la description de Smith (brit.
I. 49). Je l'ai des Vosges, des Alpes, des Pyrénées. Les
autres sont plus difficiles à spécifier.

M. Guibal, notaire à Lunéville, a trouvé dans les marais
de Giriviller, à 4 lieues de sa résidence, un Scirpe qui a tout-
à-fait l'aspect du *S. palustris*, mais qui en diffère par sa capsule subtrigone surmontée d'un style articulé sur l'ovaire et
de 3 stigmates. L'épi est ovale–oblong, de 5 lignes sur une
et demie, composé de 10 à 12 fleurs. La plante atteint 14 pouces de hauteur. C'est elle que je prends pour le *S. multicaulis*. Voyez la figure donnée par M. A. de St-Hilaire, Journ.
de Bot. de Desvaux, 1814. III. p. 14. T. 21., mais qui re-

(1) C'est le *S. bœothryon* de M. Mérat (fl. de Par. II. p. 44, excl.
syn.). — M. Schultes dit du *S. alpinus* de Schleicher : « *Nil nisi
S. bœothryon minor* ». Comme j'ai reçu le *S. alpinus* de l'auteur
lui-même, je puis assurer qu'il se rapproche davantage du *cœspitosus*
que du *bœothryon*, car il a les gaines foliacées; il est même au *S.
cœspitosus*, ce que le *campestris* est au *bœothryon*. — Comment
ceux qui prennent le *S. bœothryon* pour le *cœspitosus* peuvent-ils
comprendre les botanistes qui ont signalé une extrême ressemblance
entre la végétation de ce dernier et celle de l'*Eriophorum alpinum* ?
Voici ce qu'en dit M. Hoppe, dans son *Bericht ueber mein diessjæh-
rige Alpenreise* : « *Da ich heute auch den S. cœpistosum in Blüthe
« sammelte, so war ich im Stande zu beurtheilen, ob die Botaniker
« Recht haben, die die grosse Aehnlichkeit dieses Grasses mit dem
« E. alpino in statu florendi behaupten. Allerdings haben beide
« Gewœchse viel Aehnlichkeit, aber ein einziger Umstand læsst
« jedem Beobachter keinen Zweifel in Ansehung des Gewœchses,
« das er vor sich hat, übrig; diess ist die Anwesenheit des seminum
« pappus, welcher bey E. alpinum schon in der ersten Blüthe
« sichtbar ist, bey S. cœpistosus niemals gefunden wird* ». Hoppe
bot. Taschenb. 1801. p. 134. Ce n'est pas qu'il n'y ait des soies dans le
S. cœspitosus, mais elles sont beaucoup moins longues. A examiner
ces deux plantes comparativement, il semble étonnant qu'elles appartiennent à deux genres différents. — M. Gaudin (helv. I. 127) dit de
l'*E. alpinum* : « *Florens S. cœpistoso simillimum, ab eo tamen culmo
« scabro et triquetro, glumisque duabus infimis sterilibus statim
« dignoscitur* ».

présente une variété où les valves calycinales se changent en folioles (1).

Le *S. bœothryon* (*S. pauciflorus* Smith) se distingue du précédent par sa taille plus petite (3 à 7 pouces), par ses épis plus courts et composés de peu de fleurs (4 à 6). M. Holandre me l'a envoyé de Metz, bien déterminé ; MM. Schleicher et Thomas, de Suisse, aussi sous son véritable nom ; mais je l'ai reçu du Calvados, de la Gironde et de la Lozère, sous le nom de *S. multicaulis*. M. Monnier l'a cueilli dans les Pyrénées, au Col de Tortose. Voyez la fig. de Scheuchzer, l. c. T. 7. f. 21.

Le *S. campestris* n'a que 2 ou 3 fleurs, ce qui fait que les valves calycinales atteignent la longueur de l'épi, tandis qu'elles sont plus courtes que lui dans le *bœothryon*. Je me range volontiers de l'opinion de Schrader (germ. I. 126) qui ne regarde cette plante que comme une variété du *bœothryon*, produite par un sol plus maigre, opinion qui est adoptée par nos auteurs modernes. Je l'ai reçu de Strasbourg et de Hambourg sous le nom de *S. bœothryon*, et Schleicher me l'a envoyé sous celui de *S. bœothryon β minor*. Voyez la fig. de Scheuchzer, l. c. T. 7. f. 19

LXXII. Le *Milium paradoxum* croît dans la France méridionale ; M. Requien me l'a donné de Narbonne, et M. Salzmann me l'a envoyé de Montpellier. Il est très-bien représenté par Plukenet, T. 32. f. 2. Outre cette figure (citée seule par Linné), et celle de Schreber, que je ne connais pas, Willdenow

(1) M. A. de St.-Hilaire (l. c.) donne depuis 4 jusqu'à 6 décimètres (de 14 à 22 pouces) au *S. multicaulis*. Cette hauteur ne convient guères aux plantes qu'on rapporte ordinairement à cette espèce. Smith et St.-Hilaire disent l'épi multiflore. — On dispute beaucoup sur le *S. intermedius* de Thuillier, que M. Desvaux soutient le même que le *multicaulis* (Journ. de Bot. l. c. p. 16), tandis que M. de Candolle le croit une variété du *S. palustris* (fl. fr. suppl. p. 297). A-t-il 2 ou 3 stigmates ?

et les autres descripteurs citent celle de SCOPOLI (carn. T. 13).
SCHRADER, il est vrai, la qualifie de mauvaise (germ. I,
196), et il a bien raison; car elle représente une autre
plante, que M. HOLANDRE a rapporté de Carniole, et dont il
m'a donné des échantillons. Je l'avais prise pour le *M. paradoxum* sur la foi des auteurs; mais j'ai été bientôt détrompé
lorsque j'ai connu la plante du Mîdi; et quoique SCOPOLI
assure que sa plante a été approuvée par LINNÉ, elle n'en
diffère pas moins du véritable *paradoxum* par ses épillets plus
petits et plus rares; par ses calices moins acuminés et dont la
valve externe n'a que 3 nervures au lieu de 5; par sa panicule
moins resserrée. Je l'appelle *M. scopolianum*. Voici les phrases
que je propose pour l'une et l'autre espèce:

1. *M.* (*paradoxum* LINN.) *paniculá laxá, flosculis lanceolatis erectis, calycibus* (3 *lin. long.*) *acutis 5—nerviis
corollá longè aristatá sesquilongioribus. M. paradoxum*
LINN. et auct. (excl. syn. SCOP.). — *Icon.* PLUK. phyt. T. 32.
f. 2. — Narbonne! Montpellier!

2. *M.* (*scopolianum* nob.) *paniculá laxissimá, flosculis
ellipticis pendulis, calycibus* (2 *lin. long.*) *obtusiusculis
3-nerviis corollam longè aristatam vix excedentibus. M. paradoxum* SCOP. (excl. syn. LINN.). — *Icon.* SCOP. carn. T. 1.
— La Carniole!

LXXIII. Selon M. DE CANDOLLE (fl. fr. suppl. p. 248),
le *Phleum commutatum* diffère de l'*alpinum* 1.° par son épi
court, ovale, jamais cylindrique; 2.° par ses arêtes aussi
longues que les valves et non plus courtes qu'elles, glabres ou
presque glabres, mais non garnies de cils nombreux; 3° par
ses glumes non fortement ciliées, mais munies sur toute leur
surface de poils courts, rares, un peu rudes et à peine visibles.
Il ajoute qu'il est commun dans les Pyrénées, où il n'a jamais vu le *P. alpinum*.

Effectivement, toutes les Phléoles que nous avons rapportées des Pyrénées sous le nom d'*alpinum*, ont les arêtes aussi longues que les valves et non garnies de cils nombreux; mais 1.° l'épi est souvent cylindrique et long de 16 lignes; ce caractère n'est point spécifique, puisque les *P. nodosum*, *alpinum* et *commutatum* offrent des variétés à épis longs et à épis courts (les *P. nodosum* β *minor* DE C. fl. fr., *P. commutatum* β *gracile* SCHL. cat., et une variété analogue pour le *P. alpinum*); 2.° les arêtes sont ordinairement scabres dans les échantillons des Pyrénées, mais les poils s'alongent quelquefois; dans les Phléoles de Suisse, qui ont les arêtes ciliées (*P. alpinum* DE C. par conséquent), les arêtes sont aussi longues que dans le *commutatum*; 3.° les glumes de la plante des Pyrénées sont évidemment et assez longuement ciliées. M. DUBY ajoute un caractère pris de la longueur de la ligule de la feuille supérieure, qui ne me paraît pas plus certain. Je conclus donc de ce qui précède, que c'est tout au plus si on peut établir une variété d'après la présence ou l'absence des longs cils sur les arêtes, et que le *P. commutatum* doit être rayé du nombre des espèces. C'est l'opinion d'une foule de botanistes célèbres. J'ai vu des échantillons du prétendu *P. commutatum* étiquetés *alpinum* par SCHULTES, Ol. SWARTZ, Ad. DE JUSSIEU, etc.

LAPEYROUSE prend la plante des Pyrénées pour l'*alpinum*, et croit que le *commutatum* n'est que le *Gerardi*. ROEMER et SCHULTES avaient adopté cette opinion; mais dans leur *Mantissa III.* p. 575, on lit: « *P. commutatum* à clis MERT. et « KOCH (deutch. fl. I. 491) *P. alpinum* β: *aristis scabris*, *non* « *ciliatis*; *et à cl.* SPRENGEL (syst. veg. I. 241) *merum syno-* « *nymon P. alpini dicitur.* » Il faut au moins adopter le premier de ces deux sentiments (1).

---

(1) M. GAUDIN helv. I. 166) conserve son *P. commutatum*, qu'il distingue de l'*alpinum* par son épi arrondi ou ovale, et par la ligule de la feuille supérieure très-courte. Il dit qu'il a presque le port du

LXXIV. J'ai publié, dans le tome VII, p. 240 et suiv., des Annales des sciences naturelles, une note sur le *Festuca myuros* et espèces voisines, de laquelle on n'a pas voulu profiter en France, mais que le professeur Reichinbach cite avec éloge dans les 4.ᵉ et 5.ᵉ centuries de son Iconographie botanique (1). Comme je suis certain que le *P. sciuroïdes* diffère essentiellement du *bromoïdes*, je vais remettre sous les yeux de mes lecteurs la note telle que je l'ai publiée en 1826 (2) :

Il existe une confusion entre les espèces de *Festuca* voisines du *myuros*, et cette confusion a été produite originairement par une faute typographique qu'il s'agit de corriger, ainsi que les erreurs qui en ont été le résultat. C'est ce que je vais essayer.

Linné, dans son *Species* (p. 109 et 110), décrit deux espèces de Fétuques qui ont entr'elles beaucoup de rapports : 1.° le *F. myuros*; 2.° le *F. bromoïdes*. Il assigne au premier la phrase spécifique suivante : *paniculâ spicatâ nutante, calycibus minutissimis muticis, floribus scabris longiùs aristatis;* et au second : *paniculâ secundâ, spiculis erectis lævibus, calycis alterâ valvulâ integrâ, alterâ aristatâ.* On lit dans

P. Gerardi; mais il ajoute : « *Formas intermedias climatericas inter* « *P. alpinum et nostrum commutatum observaverunt cl.* M. et K., « *quas ego quidem nondùm vidi.* » Au reste, je puis affirmer l'identité de la plante des Pyrénées avec le *commutatum*, car MM. Schleicher et Thomas m'ont envoyé ce dernier, et M. Gaudin approuve leurs échantillons.

(1) « *Egregiè sunt ab autore 5 species affines ità expositæ, etc.* » Reich. cent. 4. p. 73. — « *F. myuros* l. *et F. bromoïdes* L. *more* « *quorundam adhùc junguntur* (in fl. siles. auct. Wimmer et Grabowski. 1827); *majori curâ species affines examinavit* M. Soyer- « Willemet, *quod ex opere nostro cent.* 4. *p.* 73 *cognoscere fas est.* » id. cent. 5, p. 66.

(2) Avant moi, M. de St.-Amans (fl. agen. p. 38) avait émis la même opinion sur ces espèces; je n'ai pas besoin de dire que je ne connaissais point son ouvrage lorsque j'ai publié ma note.

Willdenow, au lieu de ce dernier mot, *acuminata*. Il paraît que c'est dans l'édition de Reichard que cette faute s'est glissée pour la première fois (1), et que Willdenow et les autres botanistes l'ont copiée.

Il faut d'abord chercher à bien connaître ces deux espèces, avant d'examiner celles que les modernes ont découvertes depuis, et qu'ils en ont rapproché.

Ces deux espèces diffèrent entre elles, en se bornant aux expressions de Linné, 1.° par la plus longue des valves de la glume qui est simplement acuminée dans le *F. myuros*, et aristée dans le *F. bromoïdes* ; 2.° par l'absence de cils aux balles du *bromoïdes* (*differt à F. myuro.... glumis non ciliatis.* Linn. l. c. ; ce qui prouve que le *myuros* de Linné n'est pas la plante que les modernes appellent *F. myurus*, mais bien leur *F. ciliata* (2)) ; 3.° par la panicule qui est presque en épi dans le *bromoïdes* (*panicula subspicata.* Linn.).

Le *F. myuros* Linn. est le *Gramen festuceum, myurum,*

(1) J'étais dans l'errreur lorsque j'ai écrit cela, ainsi que le démontre M. Raspail, dans une note du Bullet. des sc. nat. (IX. p. 62) que je copie : « Le mot *acuminata* se trouve dans la phrase de Royen, « dont Linné cite la plante comme synonyme de son *F. bromoïdes.* « Linné ne paraissait donc pas attacher beaucoup d'importance à cette « nuance. Le mot *acuminata* se trouve à la place d'*aristata* dans « l'édition de Murray, 1774. Or, les changements de l'édition de « Murray ont été faits par Linné lui-même. » Mais ce que nous ignorions l'un et l'autre, c'est que le mot *acuminata*, dans la phrase de Murray, n'est point un changement, car il existe dans la partie botanique du *Systema naturæ*, dont le *Syst. veget.* est la 13.° édit. ; que ce même mot se trouve dans la 1.re édit. du *Species*, p. 75, et que c'est d'après Ray que Linné a corrigé, dans la 2.°, ce défaut de précision ; car personne ne croira que l'auteur du *Philosophia botanica* confondait les deux termes qui font le sujet de cette discussion.

(1) De Candolle le soupçonne dans sa Flore française. Voyez tom. III. p. 55.

minori spica heteromalla Scheuchz. (Agr. 294), selon la citation de Linné lui-même (1). C'est donc, ainsi que je le disais
tout-à-l'heure, le *F. ciliata* de C. Il se distingue par les
cils de ses balles ; par ses glumes dont la plus petite valve est
sétacée, à peine visible, tandis que l'autre a près d'une ligne
et demie de longueur. Il n'a qu'une étamine. Je l'ai de la
Lozère, des Landes et de l'Espagne.

Le *F. bromoïdes* est, selon Linné, le *Gramen panicula-*
tum, bromoïdes, minus, paniculis aristatis unam partem
spectantibus Scheuchz (l. c. 297). Il se distingue par ses balles
non ciliées ; par ses glumes dont la plus grande valve est
aristée comme les balles, longue d'à peu près cinq lignes,
et l'autre beaucoup plus petite (elle a jusqu'à une ligne),
membraneuse (car puisque Linné adopte la description de
Scheuchzer pour sa plante, je veux bien croire qu'il l'a vérifiée sur ses échantillons, et qu'il n'a point, comme on le
fait trop à présent, cité ses synonymes sans y voir); par ses
pédoncules épaissis sous les épillets ; par sa panicule dont les
pédicelles sont presque tous uniflores, excepté dans le bas. Il
a trois étamines. L'échantillon de mon herbier a été trouvé aux
environs de Nancy. (Je l'ai aussi de Bordeaux et d'Espagne).

Énumérons maintenant quelques espèces voisines de celles-
ci : je veux parler des *F. pseudo-myuros* et *sciuroïdes*, qui
ont des rapports avec le *F. myuros* de Linné, et du *F.*
uniglumis, qui se rapproche de son *F. bromoïdes*.

Le *F. pseudo-myuros* nob. (*myurus* de C.) est le *Gra-*
men festuceum, myurum, elatius, spica heteromalla, gracili
Scheuchz (l. c. 293.). On le distinguera facilement du *F. myu-*
ros Linn. (*ciliata* de C.) par ses balles non ciliées, par sa

(1) On lit dans le *Species* : Scheuchz. p. 194; mais c'est évidemment une faute, puisque cette page appartient au *Briza eragrostis ;*
et cependant cette faute a été copiée dans les autres éditions, même
par Willdenow. Elle a été corrigée par Lamarck (dict. II. 461),
mais en appliquant ce synonyme à son *F. myuros*, qui n'est pas celui
de Linné ; et par de Candolle (fl. fr. III. 55), qui l'applique convenablement au *F. ciliata.*

panicule ordinairement plus longue et plus penchée; du *F.
bromoïdes* par ses glumes non aristées, par ses pédoncules
non épaissis au sommet. Il n'a qu'une étamine. Il croît abondamment aux environs de Nancy.

Le *F. sciuroïdes* Roth. est le *Gramen bromoïdes*, *panicula
heteromalla*, *longioribus aristis donata* Scheuchz. (l. c. 290).
Il diffère du *myuros* par ses balles non ciliées; du *pseudo-
myuros* par sa panicule plus courte, non penchée, fort éloignée de la feuille supérieure, tandis que cette feuille s'épa-
nouit (presque toujours (1)) à la base de la panicule dans le *F.
pseudo-myuros* (*myurus* de C.); par ses épillets plus grands;
par les valves de ses glumes qui sont beaucoup moins inégales. Enfin, il diffère du *bromoïdes* par ses pédicelles non
épaissis au sommet, par son étamine unique. Il croît aux
environs de Nancy (2).

Le *F. uniglumis* Soland. est sans doute le *Gramen festuceum*, *pumilum*, *panicula heteromalla*, *locustis majoribus*,
longiùs aristatis Scheuchz. (l. c. 298). Il est fort rapproché
du *F. bromoïdes*. Il n'en diffère guère que parce que la plus
petite des valves de ses glumes est presque nulle (d'où le nom
uniglumis), tandis qu'elle a une ligne dans le *F. bromoïdes*,
dont les épillets sont cependant plus petits; et par son port:
en effet, il est moins élancé, plus nourri dans toutes ses parties; sa panicule est bien plus serrée. Peut-être, si Solander
eût connu le véritable *F. bromoïdes* de Linné, n'eût-il regardé sa plante que comme une variété de cette espèce. Au
reste, elle se distingue des *F. myuros*, *pseudo-myuros* et
sciuroïdes par ses glumes aristées, par ses pédicelles épaissis
au sommet, par ses trois étamines. Mon échantillon vient
du Morbihan. (Je l'ai cueilli depuis à Bayonne).

(1) J'ai trouvé à St.-Sever, depuis la publication de cette note,
des échantillons de *F. pseudo-myuros* dont la panicule est assez
éloignée de la feuille supérieure.

(2) Je l'ai reçu des departements de la Moselle, du Calvados, du
Morbihan, de la Gironde, de la Lozère, sous le nom de *F. bromoïdes*.

Résumons maintenant les observations qui précèdent.

FESTUCÆ MYURÆ. §. 1. *Floribus monandris, calycibus muticis, pedicellis non incrassatis, plerisque multifloris* (*VULPIA*. GMEL).

1. *F.* (*myuros* LINN.) *paniculá racemosá secundá; spiculis sub 5-floris; calycis valvá majore acutá* (1 ½ *lin. longá*), *alterá brevissimá* (¼ *lin.*) *setaceá; valvis corollinis longè ciliatis aristatisque.* — SCHEUCHZ. Agr. 294. *F. myuros* LINN. sp. I. 109. *F. ciliata* PERS. ench. I. 94. DE C. fl. fr. III. 55. ROEM. et SCHULT. syst. veg. II. 728 (1). SPRENG. syst. veg. I. 353 (2). *Vulpia pilosa* GMEL. bad. I. 8. — *Icon.* SCHEUCHZ. l. c. T. 6. fig. 12 (mediocr.).

2. *F.* (*pseudo-myuros* nob.) *paniculá longè racemosá subsecundá nutante, vaginá summi folii basi subinvolutá; spiculis sub 5-floris; calycis valvá majore acutá* (1 ½ *lin. longá*), *alterá breviori* (1 *lin.*) *setaceá; valvis corollinis subscabris longè aristatis* (3). — SCHEUCHZ. l. c. 293. *F. myuros* POLL. pal. I. 104 (excl. syn. LINN.). LAM. fl. fr. III. 602 (*idem*). LAM. dict. II. 461 (excl. syn. SCHEUCHZ.). *F. myurus* LEERS. herb. n.° 77. SMITH, brit. I. 118 (excl. syn. LINN.) (4). WILLD. sp. pl. I. 422 (excl. syn. LINN. et

---

(1) Y a-t-il plusieurs plantes confondues avec le *F. ciliata?* On le soupçonnerait d'après les incertitudes de ROEMER et SCHULTES (l. c. et *Mantiss.* II. p. 400).

(2) La ligule n'est point « *acuta elongata* » comme le dit SPREN-GEL. Elle est, ainsi que dans toutes ces espèces, très-courte et tronquée, et le sommet de la gaîne porte, des deux côtés de la feuille, deux oreillettes ordinairement inégales. Les feuilles ne sont pas non plus parfaitement glabres; elles sont un peu scabres en dessus dans le *F. myuros* et dans les suivants.

(3) L'arête est vraiment terminale. Le n.° 1443 de HALLER paraît ne pas appartenir à notre plante, puisqu'il dit : « *Ad Bromum accedit,* « *cum arista verè ex nervo glumæ paulò sub apice oriatur.* »

(4) Il est étonnant que SMITH se soit trompé pour les deux plantes de LINNÉ; son *F. myuros* étant notre *pseudo-myuros*, et son *F. bromoïdes* le *F. sciuroïdes.*

(133)

Scheuchz.). Pers. l. c. 93. de C. l. c. 54 (excl. syn. Linn.).
Schrad. germ. I. 327. Mérat, fl. par. II. 21 (excl. syn. Linn).
Roem. et Sch. l. c. 726 (*idem*). *Vulpia myurus* Gmel. l. c. 8
(*idem*). *F. bromoïdes*, *var.* Spreng. l. c. 354 (*idem*). —
Icon. Scheuchz. l. c. T. 6. f. 11. Leers l. c. T. 3. f. 5.

3. *F. (sciuroïdes* Roth.) *paniculá racemosá secundá à
vaginá summi folii longè remotá; spiculis sub 5-floris;
calycis valvá majore acutá (3 lin. iongá), alterá breviori
(*1 ½ lin.*) *setaceá; valvis corollinis subscabris longè aristatis.* — Scheuchz. l. c. 290 et 291. *F. bromoïdes* Smith, l. c.
117 (excl. syn. Linn.) (1). Lam. fl. fr. III. 602. dict. II. 461
(excl. syn. Scheuchz.) (2). de C. l. c. 55 (excl. syn. Linn.).
Schrad. l. c. 325 (excl. syn. Linn. et Willden.). Mérat,
l. c. 21 (excl. syn. Linn.). Roem. et Sch. l. c. 725 (excl.
syn. Linn., Willd. et Gmel.). *F. sciuroïdes* Willd. l. c. 143.
Vulpia sciuroïdes Gmel. l. c. 8. *F. bromoïdes, var.* Spreng.
l. c. 354. — *Icon.* Scheuchz. l. c. T. 6. f. 10.

§. 2. *Floribus triandris, valvá calyciná majore aristatá, pedicellis incrassatis, plerisque unifloris.*

4. *F. (bromoïdes* Linn.) *paniculá subspicatá laxá secundá; spiculis sub 5-floris; calycis valvá majore aristatá
(5-6 lin. longá), alterá brevissimá (1 lin.) membranaceá;
valvis corollinis glabris longè aristatis.* — Scheucnz. l. c. 297.
F. bromoïdes Linn. l. c. 110; Willd. l. c. 418. Pers. l. c.
93? Gmel. l. c. 215 (excl. syn. Lam. dict.). *F. uniglumis*
Mérat, l. c. 21 (excl. syn. Willd.)? et nonnullorum? —
Icon. Scheuchz. l. c. T. 6. f. 14. Pluk. alm. T. 33. f. 10
(medioc.).

5. *F. (uniglumis* Soland. in hort. Kew.) *paniculá subspicatá densá secundá; spiculis sub 6-floris; calycis valvá ma-*

---

(1) Remarquez que Smith, tout en regardant sa plante comme
celle de Linné, ne cite pas Scheuchz. p. 291, mais p. 290, ce qui
est bien.

(1) La figure des Illustrations (T. 46. f. 4) ne représente ni cette
plante. ni le veritable *F. bromoïdes.*

jore aristatâ (6-7 lin. longâ) alterâ subnullâ; valvis corol-
linis glabris longè aristatis. —Scheuchz. l. c. 298. *F. uni-*
glumis Smith, l. c. 118; Willd. l. c. 423. Pers. l. c. 93. de
C. l. c. 55. Roem. et Sch. l. c. 728. Spreng. l. c. 354. —
Icon. Ray, syn. T. 16. f. 2. (test. de C.). —*An prioris va-*
rietas?

LXXV. M. Monnier a cueilli au col de Tortose une Ses-
lérie qui a tous les caractères du *Sesleria cærulea*, excepté
que sa fleur est blanche. Elle ne peut appartenir au *S. cylin-*
drica, parce que l'épi n'est pas assez long, et que les feuilles
ont absolument la forme de celles du *cærulea*. On trouve bien
dans Roemer et Schultes (syst. II. 605, n.° 10) un *S. alba*,
dont voici l'article :

« *S. (alba) spicâ ovato-oblongâ imbricatâ, bracteis al-*
« *ternis, petalis exterioribus lanceolatis acutis indivisis.*
« Smith, prodr. fl. græc. I. 52. Sibth. fl. gr. T. 72. *Carex*
« *dubia* Sibth. ms. — *Habitus ferè S. cæruleæ; differt spicæ*
« *colore, et præcipuè petalo exteriore indiviso. In sylvis*
« *propè pagum Belgrad.* ♃. »

Mais il paraît que ce dernier caractère, ou n'existe pas, ou
n'est pas constant, puisqu'on trouve dans le *Mantissa II*,
p. 337 : « *S. alba deleatur, monente cl.* Bertoloni, *ut potè*
« *eadem cum cæruleâ?* » Et dans le même *Mantissa*, p. 376 :
« *Cl.* Bertoloni *in litteris S. elongatam, cylindricam et*
« *tenuifoliam, ut potè meros cæruleæ lusus, conjunxit…* —
« *Spica (in S. cæruleâ) variæ longitudinis, nunc ovata bre-*
« *vissima, nunc oblonga, nunc elongata; in apricis exalbo-*
« *cærulea, in umbrosis albida.* »

Les caractères de la plante des Pyrénées, et jusqu'à la forme
de la feuille supérieure, me déterminent à la regarder comme
variété du *S. cærulea* (*S. cærulea* β *alba* de mon herbier).

FIN DES OBSERVATIONS.

CATALOGUE

DES PLANTES VASCULAIRES

DES ENVIRONS DE NANCY.

Les environs de Nancy sont extrêmement favorables à l'étude de la botanique. Quoique l'arrondissement que je me suis formé soit peu considérable (je ne prends que 3 lieues de rayon (1)), il renferme une grande variété de sols et d'expositions : terres fortes, terres sablonneuses ; pays découvert, bois montagneux, souvent fort élevés ; collines sèches et arides, champs gras et fertiles, terrains aquatiques de diverses sortes ; on y rencontre, pour les végétaux, presque tous les genres d'habitations convenables. Aussi le nombre des plantes vasculaires contenues dans le Catalogue que je publie aujourd'hui, s'élève-t-il à près d'un millier d'espèces, et j'espère l'augmenter encore.

Cet arrondissement est coupé par deux rivières à fond de sable, la Meurthe et la Moselle, et borné au N. E. par une rivière à fond limoneux, la Seille. Il renferme au S. E. l'extrémité du Keuper, ou terrain salifère, couvert à sa surface par les Marnes irisées ; vient ensuite une bande de Grès inférieur au Lias (2), qui va jusqu'à St.-Nicolas, et forme une des espèces de nos terrains sablonneux. De-

(1) Cet arrondissement est formé par un cercle qui passerait au N. à Lixières, à l'E. à Crevic, au S. à Pulligny et a l'O. a Gondreville. On peut facilement parcourir à pied, dans une journée, chacun des rayons de ce cercle, et revenir coucher a Nancy.

(2) Ce grès, pris long-temps pour du Quadersandstein et qui y appartient peut-être, paraît dépendre plutôt du Lias que du Keuper. Il est omis dans la carte géognostisque des pays avoisinant le Rhin, entre Bâle et Mayence, de MM. OEYNHAUSEN, LA ROCHE et DECHEN, quoiqu'ils en parlent dans le texte (geogn. Umriss. II. 132 ; cette carte n'indique que quelques taches de grès disséminées sur le Keuper, et non la couche dont il s'agit, qui couvre des terrains considérables, notamment entre St.-Nicolas, Dombasle et Rosières, et que je crois avoir vue distinctement, a Vic, subordonnée au Lias. C'est ce grès que l'on exploite et que l'on vend à Nancy sous le nom de fin sable.

puis là jusqu'aux portes de Nancy, s'étend le Lias, qui compose nos terres fortes; cependant, il est recouvert au S. par une Alluvion très-étendue, qui paraît formée par la Moselle et la Meurthe, et qui est composée de petits cailloux roulés, seconde espèce de terrains sablonneux. De Nancy jusqu'aux limites de mon arrondissement, s'élèvent les collines du Calcaire jurassique, dont une partie, servant de rives à la Moselle, nourrit des plantes alpestres apportées sans doute des Vosges. Quoique le Keuper des environs de Nancy ait alimenté autrefois une saline (Rosières), il ne contient plus de Marais salans; néaumoins, j'ai indiqué dans mon Catalogue une partie des plantes de ce terrain, qu'il faut aller chercher à Marsal ou à Dieuze (6 à 8 lieues de Nancy); j'y ai aussi indiqué quelques plantes de Lunéville et de Pont-à-Mousson (5 lieues de Nancy), parce qu'il est possible qu'on les trouve un jour plus près de notre ville; mais j'ai toujours eu soin de noter les localités entre parenthèses, et j'ai, au reste, usé très-sobrement de cette licence. Nos Marais salans sont des taches assez étendues, d'une terre graveleuse imprégnée de sel, et nues ou couvertes d'une végétation particulière, qui se compose principalement des *Salicornia herbacea*, *Atriplex patula* β *marina*, *Arenaria rubra* β *marina*, *Triglochin maritimum*, *Aster tripolium*, *Poa maritima* et *distans*. Le territoire de Lunéville est formé de Muschelkalk et de Keuper; celui de Pont-à-Mousson est du Calcaire jurassique.

La hauteur des environs Nancy, au-dessus du niveau de la mer, est d'environ 800 pieds pour le Keuper et le Lias, et de 1200 pieds au plus pour le Calcaire jurassique (OEynhausen, Mathieu). La température moyenne y est de 3° 7 (R) pour l'hiver, de 18° 9 pour l'été, et de 10° 4 pour toute l'année (Vautrin); mais l'influence des montagnes des Vosges rend l'hiver extrêmement variable, puisque le thermomètre y descend quelquefois jusqu'à 18 ou 19°, comme en 1810 et 1827 (1). La quantité moyenne d'eau qui tombe annuellement est de 21 pouces 9 lignes (Vautrin).

(1) Beaucoup de végétaux étrangers, qui s'acclimatent fort bien à Paris, ne peuvent pas vivre chez nous en pleine terre.

Excepté dans quelques cas très-rares, j'ai adopté la classification et la nomenclature du *Botanicon gallicum* de M. Duby. J'ai fait suivre le nom des plantes 1.° de l'époque de la floraison, indiquée selon la méthode ingénieuse employée par M. de St.—Amans dans sa Flore agenaise; c'est le résultat du dépouillement de quatorze années d'herborisations; 2°.de l'*Habitat*. Pour les plantes rares, la localité est notée d'une manière précise, et accompagnée de signes qui indiquent la nature du terrain, le degré de rareté, et, pour les espèces que je n'ai pas rencontrées moi—même, le nom du botaniste qui les a trouvées. Le signe ! qui suit ce nom, veut dire que je suis certain que la plante appartient effectivement à notre flore (1). Tout ce qui tient à la géographie botanique n'est ici qu'esquissé; je lui aurais donné plus d'extension si ma santé et mes occupations ne m'avaient interdit depuis long-temps les grandes promenades.

En jetant un coup d'œil sur le nombre considérable de plantes que renferme un si petit arrondisement, on concevra facilement combien sera riche l'herbier du département, que je vais former pour le Cabinet d'histoire naturelle de Nancy dontla conservation m'est confiée (2),

(1) Voici l'explication des signes employés dans ce Catalogue :

α, β, γ, etc. indique	les variétés.
*	les hybrides ou les variations.
☞	les monstruosités.
P. E. A. H. signifie	Printemps, Été, Automne, Hiver.
1. 2. 3.	1.ᵉʳ, 2.ᵉ, 3.ᵉ mois de ces saisons.
W. p.	Willemet père.
W. f.	Willemet fils.
M.	Monnier.
Ht.	Hussenot.
k.	Keuper (marnes irisées).
ms.	Marais salans.
g.	Grès du lias (quadersandstein ?)
l.	Lias.
a.	Alluvion.
cj.	Calcaire jurassique.
PC.	peu commune.
R.	rare.
RR.	très-rare.
L. ou Lx.	lieux.
B.	bois.
F.	forêt.

(2) Le Conseil municipal vient de voter une somme suffisante pour ajouter a ce Cabinet une salle destinée aux productions naturelles du département.

lorsqu'on se rappellera que ce département comprend, outre les variétés de terrains que je viens de signaler, le Grès vosgien et les forêts de sapins.

DICOTYLÉDONES.

THALAMIFLORES.

Renonculacéa

CLEMATIS
vitalba. E. 1. 2. Haies.

THALICTRUM
saxatile. P. 3. E. Collines. *cj.* (1).

ANEMONE
pulsatilla. P. 1. 2. Prés montagneux, bords des bois. *cj.*
nemorosa. P. 1. 2. Bois.
  * *flore roseo.*
ranunculoïdes. P. 1. 2. Bois.
sylvestris. P. 2. 3. B. (F. de Haye. *cj.*)

HEPATICA
triloba (**ANEMONE** *hepatica* **LINN.**).
  H. 3. P. 1. Bois. *cj.*

ADONIS (2)
flammea. P. 3. E. 1. Moissons. *PC.*
œstivalis. P. 3. E. Moissons.
  * *flore luteo.*

MYOSURUS
minimus. P. 2. 3. Moissons (La Malgrange. *a.*).

RANUNCULUS
aquatilis. P. 2.—E. 1.
  α. *heterophyllus.* Marres.
  β. *rigidus.*   ⎱ Eaux
  γ. *capillaceus.* ⎰ tranquilles.
  δ. *peucedanifolius.* Rivières.
lingua. E. 1. 2. Eaux (Étang de Champigneule).
flammula. P. 3. E. Lieux humides.
  β. *reptans.* Marres.
auricomus. P. 1. 2. Lieux humides et ombragés.
  β. *procerior.* Fossés (3).
sceleratus. P. 2. 3. Fossés, marais.
acris. P. Prés, bois.
  ☞ *monstroso-duplicatus.*
nemorosus. P. 3. Bois. *cj.* (4).

---

(1) Le *T. flavum* se trouve à Metz. On dit l'avoir rencontré dans nos environs; mais comme on y a pris long-temps le *saxatile* pour le *flavum*, je n'admets point ici ce dernier.

(2) Voyez mes Observations; I.   (3) Voy. mes Obs.; III.

(4) Cette plante, fort commune dans nos bois, et que nous avons prise successivement pour les *R. lanuginosus* et *polyanthemos*, ne paraît pas devoir garder le nom que lui a imposé M. DE CANDOLLE (syst. I. 280). Réunie comme variété au *polyanthemos* par SCHLECHTENDAL (Ranunc. II. 24) et WALLROTH (sched. crit. 291), elle est maintenant comme espèce par REICHENBACH (ic. bot. cent. 2. p. 29); mais il fait observer qu'en admettant les deux variétés

repens. P. E.

   α. *prostratus* (**R.** *prostratus* POIR.) Champs.

   β. *erectus.* Prés, jardins.

bulbosus. P. 1. 2. Prés, haies.

philonotis. P. 3. E. 1. Lx. cultivés. (Montaigu, la Malgrange. etc.)

arvensis. P. 2. 3. Moissons.

FICARIA

   ranunculoïdes (*RANUNCULUS ficaria* LINN.). P. 1. 2. Prés et bois humides.

   ☞ *monstroso-pentasepala.*

CALTHA

   palustris. P. 1. 2. Prés humides.

ERANTHIS

   hyemalis (*HELLEBORUS.* LINN.) H. 3. Prés humides au bord des bois. (Haraucourt. *g.*) *RR.* (1).

HELLEBORUS

   fœtidus. H. 3. P. 1. Collines, lieux pierreux. *cj.*

NIGELLA

   arvensis. E. 1. 2. Moissons. *PC.*

AQUILEGIA

   vulgaris. P. 2. 3. Bois. *cj.*

DELPHINIUM

   consolida. P. 3. E. 1. Moissons.

ACONITUM

   lycoctonum. E. 2. 3. Bois (F. de Haye. *cj*). *PC.*

ACTÆA

   spicata. P. 3. Bois. *cj.*

Berbéridées.

BERBERIS

   vulgaris. P. 2. 3. Bois.

   ☞ *monstroso – petiolata* (F. de Haye. W. p. Ht!) (2).

indiquées par DE CANDOLLE, c'était la forme alpine qu'il fallait prendre pour type, et que par conséquent la plante aurait dû conserver le nom d'*aureus* que lui a donné SCHLEICHER, si, antérieurement, elle n'avait pas été décrite par CRANTZ sous le nom de *breyninus*, dénomination qu'il adopte comme la plus ancienne. Je ne conçois pas en effet comment nos auteurs modernes ont pu rapporter au *Villarsii* ou au *montanus* cette plante de CRANTZ, qui dit positivement qu'elle a les pédoncules sillonnés (stirp. austr. Fasc. II. 115. T. IV. f. 2). Quant aux deux variétés, *multiflorus* et *pauciflorus*, M. REICHENBACH ne les regarde que comme des variations, et il rapporte qu'il a reçu de SCHLEICHER des échant. de son *aureus* à 5 et 7 fleurs. Ce dernier m'a aussi envoyé sa plante, et je ne l'ai pas trouvée différente de celle de nos bois, qu'il faut certainement rapporter à la var. *multiflorus* de DE C., quoiqu'on l'y trouve souvent uniflore; mais les échant. du botaniste de Bex sont évidemment cultivés, et ont perdu les légers caractères qui distinguent la plante des terrains primitifs de celle des formations secondaires. C'est donc la petite taille, plutôt que le peu de fleurs, qu'il fallait signaler dans le *nemorosus* des hautes montagnes (tel que celui dessiné par CRANTZ, l. c., et celui que M. MOUGEOT m'a envoyé des Vosges), et le nom d'*alpinus* lui conviendrait mieux que celui de *pauciflorus*, s'il devait constituer une véritable variété.

(1) Cette plante n'a été trouvée qu'une seule fois. Elle n'avait jamais été cultivée dans nos environs. Plusieurs individus ont été transportés dans des jardins, où ils n'ont pas vécu long-temps.

(2) Voy. mes Obs. : IV. — Depuis l'impression de cette observation, j'ai vu

Nymphéacées.

NYMPHÆA
alba. P. 3. – E. 2. Eaux (bras de la Meurthe au Pont d'Essey; *R.* vis-à-vis Villey-le-Sec ; le Sanon à Dombasle).

NUPHAR
lutea (**NYMPHÆA**. **LINN**.). E. Marres, fossés.

Papavéracées.

PAPAVER
hybridum.
argemone.
dubium.
rhœas.
} P. 2. – E. 1. Moissons.
somniferum. P. 2. – E. 1. Décembres (quasi-spont.).

CHELIDONIUM
majus. P. 2. 3. Haies, murs.

Fumariées.

CORYDALIS
tuberosa (*FUMARIA bulbosa* α **LINN**.). P. 1. 2. Haies, bois.
bulbosa (*F. bulbosa* γ **LINN**.). P. 1. 2. Lx. ombragés (B. de Tomblaine, etc.) *P C.*

FUMARIA
officinalis. P. 2. – E. 3. Lx. cultivés.
Vaillantii. P. 2. – E. Champs sablonneux. α.

Crucifères.

CHEIRANTHUS
cheiri. P. 2. Vieux murs (anciennes fortifications de Nancy).

NASTURTIUM (**SISYMBRIUM** **LINN**.)
officinale (*S. nasturtium* **LINN**.). P. 3. E. 1. Ruisseaux.
sylvestre. P. 3. E. 1. Marais, bord des eaux.
palustre. E. 1. 2. Lx. humides (champs entre Laneuveville et St.-Nicolas).
amphibium E. Lieux humides.
α· indivisum.
β. variifolium.

BARBAREA
vulgaris (*ERYSIMUM barbarea* **LINN**.). P. 2. 3. Lx. humides, bord des routes.

TURRITIS
glabra. P. 2. – E. 1. Lx. pierreux, bois.

ARABIS
brassicœformis **WALLR**. (*BRASSICA alpina* **LINN**. *ERYSIMUM alp.* DE C. syst.). P. 2. – E. 1. Bois montagneux (F. de Haye. cj.) (2).
sagittata. P. 2. 3. Lx. pierreux, bois.

dans le 58.ᵉ vol. du Dict. des sciences naturelles, p. 218, la plante de Lorraine maintenue au rang d'espèce par M. **LOISELEUR DESLONGCHAMPS**, sous le nom de *B. articulata*, quoique je lui aie fait part de mon opinion relativement à cette plante. Quelque forte que soit pour moi l'autorité de ce botaniste, je ne puis partager son sentiment à cet égard, et je m'en réfère à ce que j'ai écrit, l. c.

(2) Le *Brassica alpina* **LINN**. a été souvent confondu avec le *Turritis glabra* ; mais il en diffère par ses siliques quadrangulaires et par ses feuilles

thaliana. P. 2.–E. 1. Murs, champs sablonneux.

arenosa (*SISYMBRIUM.* LINN.). P. 2. 3. Lx. pierreux et montagn. (fonds St.-Barthélemy ; bords de la Moselle vis-à-vis Liverdun, etc. *cj.*).

CARDAMINE

amara. P. 2. 3. Lx. humides et ombragés (prairie St.-Jean ; Pixerécourt ; fonds St.-Barthélemy) (1).

pratensis. P. 1. 2. Prés humides.

hirsuta. P. 3. Bois ombragés (fonds de Toul, entre les Baraques et le fond St.-Barthélemy). *RR.*

impatiens. P. 3. Bois montagneux (fonds de Toul ; rochers de la Moselle vis-à-vis Marron. *cj.*)

DENTARIA

pinnata. P. 2. Bois montagneux (F. de Haye. W. p. *cj.*). *R.*

LUNARIA

rediviva. P. 3. Bois montagn. (Forêt de Haye, à l'O. de Marron. *cj.* ; *RR.*

ALYSSUM

calycinum. P. 2. 3. Champs secs.

EROPHILA

vulgaris (*DRABA verna* LINN.). H. 3.–P. 2. Murs, pelouses sèches.

THLASPI

arvense. H. 3. – P. 2. Champs.

perfoliatum. P. 1. 2. Bords des champs.

montanum. P. 2. 3. Lx. montagneux (fonds St.-Barthélemy et autres points de la F. de Haye. *cj.*).

TEESDALIA (*GUEPINIA.* fl. fr. sup.)

nudicaulis R. BROWN (*THLASPI. DE* C. fl. fr.). P. 2. 3. Lx. secs et sablonneux.

  α. *iberis* (*IBERIS nudicaulis* LINN. *T. iberis* DUBY. Sauvageon).

  β. *lepidium* (*LEPIDIUM nudicaule.* LINN. *T. lepidium* DUBY. Morteau près Rosières.) (2)

IBERIS

amara. P. 3. E. 1. Champs, moissons.

SISYMBRIUM

officinale (*ERYSIMUM.* LINN.). P. 2. –E. 2. Chemins, murs.

sophia. P. 3.–E. 2. L. incultes, murs.

radicales glabres et entières. La classification générique qu'en a fait WALLROTH (sched. crit. I. 359), outre qu'elle a été confirmée par l'anatomie de la graine (voy. GAY et MONNARD, Ann. des sc. nat. VII (1826) p. 412.), a l'avantage de laisser libre le nom d'*Erysimum alpinum*, donné précédemment par PERSOON (ench. II. 200) au *Cheiranthus alpinus* LINN.? et VILL., dont M. DE CANDOLLE a fait la var. β *minor* de son *E. lanceolatum*, et qui peut-être devra garder le rang d'espèce. Voy. mes Obs.; **IX**.

(1) Cette plante a quatre glandes sur le disque de la fleur; on ne peut pas y arriver par l'analyse de DE CANDOLLE.

(2) D'après la comparaison de nombreux échantillons, dont les uns ont les pétales irréguliers et les autres réguliers, mais dans lesquels je n'apperçois aucune autre différence, j'adopte l'avis de M. LOISELEUR, qui réunit les deux espèces sous le nom de *Thlaspi nudicaule* (gall. ed. 2. II. 60.

ALLIARIA

officinalis (*ERYSIMUM alliaria* LINN. *HESPERIS all.* fl. fr.). P. 2. 3. Bois, haies.

ERYSIMUM

cheiranthoïdes. E. Bord des chemins, champs. *PC.*

lanceolatum (*CHEIRANTHUS erysimoïdes* LINN. *E. murale* fl. fr.). P. 3. E. 1. cj. (1)

α. clusianum. Bois (F. de Haye).

β. firmum. Collines sèches (Le Montet; etc.).

perfoliatum (*BRASSICA orientalis* LINN.). P. 1. – E. 1. Champs.

CAMELINA

sativa (*MYAGRUM.* LINN.). P. 2. – E. 1. Moissons, bord des champs (Jarville; Frouard, etc.) (2).

NESLIA

paniculata (*MYAGRUM.* LINN. *BUNIAS.* fl. fr.). P. 3. Moissons (Villey-le-Sec).

SENEBIERA

coronopus (*COCHLEARIA.* LINN.). P. 3. – E. 2. Fossés secs, le long des routes, bord des champs.

CAPSELLA

bursa-pastoris (*THLASPI.* LINN.). P. E. Prés, champs, décombres.

α. indivisa.

β. coronopifolia.

LEPIDIUM

sativum. P. 3. E. 1. Lx. cultivés (quasi-spont.).

campestre (*THLASPI.* LINN.). P. 2. 3. Chemins, champs.

ruderale. P. 3. – E. 3. Décombres, lx. incultes (cours des salines de Dieuze).

ISATIS

tinctoria. P. 3. E. 1. Routes (route de Neufchâteau. quasi-spont.).

BRASSICA

oleracea.

campestris.

rapa.

napus.

} P. 2. 3. (cult. et quasi-spont.

SINAPIS

nigra. E. Champs, décombres.

arvensis. P. 2. – E. 3. Champs, vignes.

β. orientalis (S. orientalis LINN.). E. Champs, vignes. (3).

alba. P. 2. – E. 1. Moissons.

DIPLOTAXIS (*SISYMBRIUM.* LINN.)

tenuifolia E. Murs, décombres (anciennes fortifications de Nancy).

(1) Voy. mes Obs.; IX.

(2) Les feuilles de notre plante sont toujours un peu dentées, sans que ce soit pour cela le *C. dentata.* Ce dernier, que M. THOMAS m'a envoyé de Suisse, a, ainsi que sa var. *pinnatifida*, les feuilles plus étroites et plus alongées; je ne l'ai jamais vu dans nos environs. — La plante de Nancy est le *C. sylvestris* de WALLROTH (sched. crit. I. 347.

(3) Voy. mes Obs.; XI.

muralis. P. 3. – E. 2. Champs,
 murs, décombres (W. p.).

RAPHANUS

sativus. E. 1. (cult.)

raphanistrum. P. 2. – E. 3. Champs,
 moissons.

Cistinées.

HELIANTHEMUM

vulgare (*CISTUS helianthemum*
 LINN.). P. 3.–E. 2. Collines sèches, bord des bois (1).

Violariées.

VIOLA

hirta. P. 1. 2. Bois.

odorata. H. 3.–P. 2. Haies.

 * *flore albo.*

mirabilis. P. Bois. *cj. PC.*

canina. P. 1.–E. 1. Bois, haies.

tricolor.

 α. *degener.* }

 β. *arvensis.* } P. Champs.

Résédacées.

RESEDA

phyteuma. E. 1. Champs. lieux incultes chapelle des Trois-Colas.
 cj.). *R.*

lutea. P. 2.–E. 1. Lx. stériles.

luteola. P. 2.–E. 1. L. stériles,
 chemins.

Droséracées.

PARNASSIA

palustris. E. 3. Prés humides et
 montagneux (sous Bouxières-
 aux-Dames. *cj.*). *R.*

Polygalées.

POLYGALA (2)

vulgaris.

 α. *vera* (*P. vulgaris* LINN.). P.
 Bord des bois herbeux.

 β. *comosa* (*P. comosa* SCHK.). P.

 γ. *amara* (*P. amara* LINN.). P.
 Collines.

 * *flore roseo* } variations des

 * *flore albo* } 3 variétés.

austriaca β *Reichenbachii*. P. 2.
 Collines (Marron). *cj. PC.*

 * *flore cœrulescente.*

Cariophyllées.

GYPSOPHILA

muralis. E. 2. Chemins et champs
 sablonneux. *a. g.*

DIANTHUS

prolifer. E. 1. Bord des bois,
 champs.

 * *floribus subsolitariis* (*D. di-
 minutus* LINN.).

armeria. E. 1. Bois, lx. stériles.

---

(1) Les feuilles ne sont pas blanches en dessous, comme dans la plante
que j'ai rapportée du Midi : la nôtre devrait donc rentrer dans l'*H. obscurum*;
mais 1.° je ne crois pas que ces deux Hélianthèmes diffèrent spécifiquement ;
2.° notre plante me paraît bien le *Cistus helianthemum* de LINNÉ, au moins
celui de l'*Hort. cliff.*, dont il dit : « *foliis oblongis utrinque nudis* »; car il a
bien pu ne pas parler de quelques poils rares, mais il n'eût pas manqué de
faire mention d'un coton blanchâtre.

(2) Voy. mes Obs.; XIII.

carthusianorum. P. 2.–E. 1. Collines sèches.

* *floribus subsolitariis.*

SAPONARIA

vaccaria. E. Moissons.

officinalis. E. Bruyères, bord des champs.

SILENE

inflata α vulgaris. (CUCUBALUS behen LINN.). P. 3. Champs, prés.

otites (CUCUBALUS. LINN.). E. 2. Collines (vers le château de Frouard. *cj.*). *RR.*

gallica. E. 2. Moissons (entre Dombasle et Rosières. *g.*) (1)

nutans. P. 3. Bois montagneux.

noctiflora. E. 1. Champs (Tomblaine, vallée de Champigneule). *R.*

LYCHNIS

viscaria. E. 1. Prés secs et montueux (au-déssus de Brabois. *cj.*). *R.*

sylvestris. P. 3. Lx. humides et ombragés.

dioïca. P. 3. Chemins, haies.

flos-cuculli. P. 2. 3. Prés humid.

githago (AGROSTEMMA. LINN.). P. 3. E. 1. Moissons.

SAGINA

procumbens. P. 3.–E. 3. Champs sablonneux, murs, cours.

apetala. E. 1. 2. Champs sablonneux (Heillecourt. *a.*) (2).

erecta. P. 3. Lx. stériles et sablonneux. *PC.*

HOLOSTEUM

umbellatum (ALSINE. fl. fr.). P. 1. Vieux murs, allées des jardins.

SPERGULA

arvensis. E. Champs sablon. *a. g.*

nodosa. E. 2. Prés humides (entre la papeterie de Champigneule et la fontaine St.-Barthélemy). *RR.*

LARBREA

aquatica (STELLARIA. fl. fr.). P. 2. –E. 2. Fossés, marais.

STELLARIA

nemorum. E. 1. Bois (entre les Baraques et Clairlieu. *cj.*). *RR.*

media (ALSINE. LINN.). P. E. Lx. cultivés.

holostea. P. 1. 2. Haies, chemins.

graminea. P. 3.–E. 2. Champs, bord des bois.

glauca. P. 3.–E. 1. Prés humides, fossés.

ARENARIA

rubra (3).

α. *campestris.* E. Champs sablonneux (Montaigu, Tomblaine. *a.*).

β. *maritima.* E. Marais salants (Dicuze).

tenuifolia α Vaillantii. P. 3. Murs, lieux sablonneux.

serpyllifolia. P. 3. Murs, lieux sablonneux.

trinervia. P. 2. 3. Haies, bois.

(1) Voy. mes Obs.; XV.

(2) Voy. mes Obs.; XVIII.

(3) Voy. mes Obs.; XX.

CERASTIUM (1)

viscosum LINN. (*C. vulgatum* DE C.). P. 2. 3. Champs, décombres.

brachypetalum. P. 3. E. 1. Champs.

α. *verum*.

β. *strigosum* (*C. strigosum* FRIES).

vulgatum LINN. (*C. viscosum* DE C.). P. 2. –E. Champs, dé-combres.

semidecandrum. P. 2. 3. Lieux sablonneux, bord des champs.

α. *verum* (*C. alsinoïdes* PERS.).

β. *pellucidum* (*C. pellucidum* ST.-AM.).

aquaticum. E. Lieux humides et ombragés.

arvense. P. E. Haies, chemins, bord des champs.

Linées.

LINUM

usitatissimum. P. 3. –E. 2. (cult.).

tenuifolium. E. 1. 2. Collines sè-ches.

catharticum. P. 2. –E. 2. Prés, bois.

RADIOLA

linoïdes (LINUM *radiola* LINN.). E. Lx. sablonneux et humides (Rosières. ġ.). R.

Malvacées.

MALVA

alcea. E. 2. 3. Bord des bois, lieux incultes.

moschata. E. 1. 2. Lx. secs, bord des bois (le Sauvageon, etc.) (2).

sylvestris. P. 3. E. Lx. incultes, haies.

rotundifolia. P. 3. E. Lx. incul-tes, haies, décombres.

ALTHÆA

hirsuta. E. 1. 2. Haies, bord des bois et des champs (la Pépinière de Nancy ; Toul.). R.

Tiliacées.

TILIA

microphylla. } P. 3. E. 1. Bois.
platyphyllos. }

Hypéricinées.

HYPERICUM

quadrangulum. E. Fossés, prés humides.

humifusum. } P. 3. E. 1. Lx. sa-
β. *Liottardi.* } blonneux. a.

perforatum. E. 1. 2. Bois, haies.

hirsutum. P. 3. E. 1. Bois mon-tagneux.

β. *parviflorum* nob. (B. de Mal-zéville. R.).

---

(1) Voy. mes Obs. ; XXI et XXII.

(2) Les *M. alcea* et *moschata* sont souvent confondus. Il existe cependant, pour les distinguer, un caractère bien facile a saisir, que M. MÉRAT a indiqué dans sa nouvelle Flore de Paris, et que je suis étonné de ne voir ni dans le *Prodromus* de M. DE CANDOLLE, ni dans le *Botanicon* de M. DUBY : c'est que les capsules sont glabres dans l'*alcea* et hérissées dans le *moschata*.

pulchrum. E. 1.2. Bois ombragés (B. de Tomblaine).

montanum. E. 1. 2. Bois montagneux.

Acérinées.

ACER

pseudo-platanus. P. 2. 3. Bois montagneux (F. de haie. *cj.*).

campestre. P. 2. 3. Bois, haies.

platanoïdes. P. 2. 3. Bois montagneux.

Ampélidées.

VITIS

vinifera. E. 1. (cult.)

Géraniacées.

GERANIUM

sylvaticum. E. Pelouses près des bois (Sandronviller. *RR.*).

pratense. E. Prés (le Montet. *RR.*; Sandronviller. *R.*) (1).

pyrenaïcum. E. 1. 2. Haies, murs, fossés (2).

molle. P. 2. —E. 2. Fossés, décombres.

pusillum. P. 2.—E. 2. Le long des murs, haies, décombres.

rotundifolium. P. 2.—E. 2. Lieux cultivés.

columbinum. P. 3.—E. 2. Champs, fossés.

dissectum. P. 3.—E. 2. Champs, fossés.

robertianum. P. 2. E. Haies, bois.

ERODIUM (GERANIUM. LINN.)

cicutarium (3).

   α. *pimpinellœfolium*. P. 2. 3. Champs secs, bord des routes.

   β. *chœrophyllum*. E. 2. 3. Prés, lieux herbeux.

Balsaminées.

IMPATIENS

noli-tangere. E. 1. 2. Bois humides (rive gauche de la Moselle,

---

(1) Ce ne sont pas les poils de la tige qui peuvent distinguer le *G. pratense* du *sylvaticum* ; car le *sylvaticum* des Pyrénées a la tige couverte de poils longs, mous et dirigés vers la terre, tandis que le *pratense* de Nancy n'a, dans le bas, que des poils très-courts, rudes et nullement tomenteux. La principale différence existe dans les étamines. Dans l'un et dans l'autre, leur base est dilatée et ciliée ; mais dans le *pratense*, cette base est très-large et deltoïde ; dans le *sylvaticum*, elle est plus étroite et se prolonge à peu près jusqu'à moitié du filet qu'elle rend ailé.

(2) Le *G. pyrenaïcum* a été long-temps méconnu dans les environs de Nancy, quoiqu'il y soit très-commun ; mais il était confondu avec le *molle* dont je l'ai distingué en 1817. C'est sans doute par cette raison qu'il a été omis dans beaucoup de flores particulières, auxquelles il doit appartenir. On le distingue du *G. molle* par ses carpelles non ridés et par sa corolle plus grande et plus bleue, dont les pétales sont deux fois plus longs que le calice (et non pas seulement : «*calice paulò majoribus*», comme on lit dans le *Prodromus* (I. 643)). Notre plante est parfaitement semblable à celle que j'ai cueillie dans les Pyrénées.

(3) Voy. mes Obs.; XXIII.

vis-à-vis Messein; Morteau près Rosières).

Oxalidées.

OXALIS
acetosella. P. 1. 2. Lx. ombragés.

CALYCIFLORES.

Célastrinées.

EUONYMUS
europæus. P. 3. Bois, haies.

Rhamnées.

RHAMNUS
catharticus. P. 3. Bois, haies (B. de Malzéville, de la Croix-Gagnée. cj.). PC.
frangula. P. 3. Bois, haies.

Légumineuses.

ULEX
europæus. P. 1. Haies (Bellevue près Nancy) (1).

GENISTA
germanica. P. 3. – E. 2. Bois (Dieuze. k.).
tinctoria. E. 1. Collines sèches, bois découverts.
sagittalis. P. 3. E. 1. Prés et pâturages montueux.
pilosa. P. Lx. pierreux, bord des bois montagneux. cj.

CYTISUS
scoparius (SPARTIUM. LINN.). P. 2. 3. Bruyères, bois.

ONONIS
natrix β pinguis. E. 1. Lx. montueux et stériles (au-dessus de Villers-les-Nancy. cj.). RR.
procurrens (O. arvensis fl. fr.). E. 1. 2. Champs sablonneux.
spinosa. E. 1. 2. Routes, champs et pâturages secs.
  * flore albo.

ANTHYLLIS
vulneraria α vulgaris. P. 2. – E. 1. Collines sèches.

MEDICAGO
lupulina. P. 2. – E. 1. Prés, champs.
falcata. P. 3. E. Prés secs montueux.
sativa. P. 3. E. Prés (quasi-spont.).
scutellata. P. 3. E. 1. Moissons (vallon de Bouxières.). R.
lappacea β denticulata (M. denticulata WILLD.). P. 3. E. Champs (pont de Bouxières).
  γ. apiculata (M. apiculata WILLDEN.). P. 3. E. Champs (Poudrerie) (2).

(1) Je regarde les pieds d'*U. europæus*, qu'on voit encore à Bellevue, comme les restes d'une ancienne haie qui y aura sans doute été plantée; je ne le crois pas spontané dans nos environs. Il m'a été envoyé du Mont St.-Quentin, près de Metz.

(2) J'adopte l'opinion de M. BENTHAM (cat. des pl. des Pyr. 103) qui réunit sous une seule espèce les *M. apiculata, denticulata* et *lappacea*; mais

maculata. E. A. 1. Prés (Essey, la Malgrange, Rosières). *PC.*

MELILOTUS (*TRIFOLIUM*. LINN.)

officinalis. P. 3. E. 1. Lx. culti-vés, décorubres.

TRIFOLIUM

rubens. P. 3. E. 1. Bord des bois montueux.

incarnatum. P. 2. 3. Prés (prai-rie de Tomblaine). *R.*

arvense. E. 1. 2. Champs.

striatum. P. 2. 3. Prés (prairie de Tomblaine). *PC.*

ochroleucum. P. 3. E. 1. Prés (prairie de Tomblaine, Heille-court). *R.*

alpestre. P. 3. E. 1. Bois du *cj.*

medium. E. Bois.

pratense. P. 2.–E. Prés, bois.

repens. P. 3. E. Prés.

elegans. E. 1. 2. Bord des routes, prés.

montanum. P. 3. E. 1. Bois du *cj.* (B. de Laxou, de Van-dœuvre).

fragiferum. E. 3. Bord des routes, pâturages.

** flore albo.*

agrarium. E. Champs, prés, bois.

procumbens β *campestre.* E. 1-3 Champs, bord des bois.

filiforme. P. 3.–A. 1. Prés, bord des routes.

β. *pygmœum.* E. Bord des rou-tes (Tomblaine. *a.*) (1).

LOTUS

corniculatus. P. 2. E.

α. *arvensis*. Prés, bois.

β. *major*. Haies humides, fossés.

γ. *tenuifolius.* Lx. incultes.

ASTRAGALUS

glycyphyllos. P. 3.–E. 2. Bois.

CORONILLA

emerus. P. 2. 3. Bord des bois (au-dessus de Vandœuvre. *cj.*). *RR.*

varia. P. 3.–E. 2. Lx. stériles, bord des bois, des champs.

ASTROLOBIUM

scorpioïdes (*ORNITHOPUS*. LINN.)

c'est ce dernier que je prends pour type, non seulement parce que LAMARCK l'a décrit le premier (Dict. III. 637); mais parce qu'il est plus naturel de croire que les épines du *lappacea* ont avorté plus ou moins pour former les *denticulata* et *apiculata*, que de supposer le contraire. C'est, au reste, l'opinion de LAMARCK (l.c.), puisque sa variété : *spinis leguminum vix uncinatis*, n'est autre chose que le *M. denticulata.* D'ailleurs, les deux espèces de WILL-DENOW sont fort mal nommées : l'épithète *denticulata* conviendrait mieux à l'*apiculata*, et réciproquement.

(1) Cette variété diffère du type par ses folioles sessiles et plus alongées, par le petit nombre de ses fleurs (3 ou 4), et par sa petite taille (un pouce au plus). Quoiqu'elle semble mériter le rang d'espèce, je ne la regarde que comme variété du *T. filiforme*, depuis que j'ai rencontré à Bordeaux la var. *microphyllum*, qui leur sert d'intermédiaire. Ma variété est peut-être la même que le *T. filiforme* ε *procumbens*, décrit par M. DESVAUX dans son Mémoire sur la section des *Lupulina* (Ann. des sc. nat. XIII. 331.); mais je ne puis admettre la dénomination de *procumbens*, puisque ma plante est droite et à tige presque simple.

P. 2. 3. Bord des champs (au-
dessus de Malzéville. *cj.*). *RR.*

ORNITHOPUS

perpusillus. P. 2. 3. Lx. sablonneux (Montaigu. *a.*. R.(1).

HIPPOCREPIS

comosa. P. 2.–E. 2. Collines calcaires, bord des bois.

ONOBRYCHIS

sativa (HEDYSARUM *onobrychis* L.).
P. 2–E. 1. Collines calcaires.

FABA

vulgaris (VICIA *faba* LINN.). P. 2.–
E. 1. (cult.)

VICIA

pisiformis. E. Bois du *cj.* PC.
cracca. P. 3. E. 1. Haies, champs,
bois.
sativa. P. 2.–E. 1. Moissons.
α.. obovata.
β. *segetalis* (V. *segetalis* fl. fr.
suppl.).
γ. *angustifolia* (V. *angustifolia*
fl. fr. suppl.).
lutea. P. 2. 3. Moissons (près du
bois des Fourneaux, vers Fléville. PC.
sepium. P. 2.–E. 1. Haies, bois.

ERVUM

lens. P. 3.–E. 2. Champs (cult.
et quasi-spont.).
hirsutum. P. 2.–E. 1. Champs.
tetraspermum. P. 3. E. Champs.
β. *gracile* E. *gracile* fl. fr.
suppl., E. Moissons.

PISUM

sativum. P. 2.–E. 1. (cult.)
arvense. P. 3. E. Champs, moissons.

LATHYRUS

sylvestris. E. Bois, haies (2).
pratensis. P. 3. E. 1. Prés, bois.
tuberosus. P. 3. E. Moissons.
aphaca. P. 3. E. 1. Moissons.
nissolia. E. 1. 2. Champs, bord
des prés (Montaigu, la Char-
treuse. *a.*. R.
hirsutus. E. Moissons.

OROBUS

vernus. P. 1. 2. Bois.
niger. P. 2. 3. Bois montagneux
(B. de Lay-St.-Christophe. *cj.*).
tuberosus. P. 2.–E. 1. Bois.

PHASEOLUS

vulgaris. P. 3.–E. 2. (cult.).

Rosacées.

PERSICA

vulgaris (AMYGDALUS *persica* L.).
P. 1. 2. (cult.).

ARMENIACA

vulgaris (PRUNUS *armeniaca* LIN).
P. 1. (cult.).

PRUNUS

spinosa. P. 1. 2. Haies, buissons.
insititia. P. 2. Bois (côte de Toul.
cj.). *RR.*
domestica. P. 2. (cult.).

CERASUS (PRUNUS. LINN.)

avium. P. 2. Bois.
vulgaris. (P. *cerasus* LINN.) P. 2.
(cult.).
mahaleb. P. 2. Bois.

____

(1) Voy. mes Obs., XXIX.　　(2) Voy. mes Obs., XXX.

padus. P. 2. Bois (B. de Sandronviller.)

Spiræa

ulmaria. E. 1. 2. Prés humides.

filipendula. E. 1. 2. Prés.

Geum

urbanum. P. 3.-E. 2. Haies, bois.

Rubus

idæus. E. 1. Bois.

cæsius. P. 3. E. Haies, buissons.

corylifolius. E. 1. 2. Haies, buissons (Rémerćville. Ht!)

fruticosus. P. 3.-E. 2. Bois,
 haies.

   * *flore roseo*.

   ☞ *monstroso-duplicatus*.

   β. *concolor*.

   γ. *glandulosus*.

glandulosus. P. 3,-E. 1. Bois.

saxatilis. P. 3. E. 1. Bois du *cj*.
 (bois de la rive gauche de la
 Moselle, vis-à-vis Villey-le-
 Sec).

Fragaria

vesca. P. 1. 2.

   α. *sylvestris*. Bois.

   β. *semperflorens* (cult.).

   γ. *hortensis* (cult.).

calycina. P. 2. Bois (B. de Maxéville, derrière Gentilly. Ht.; au-
 dessus de Ludres. M.).

chilensis. P. 1. 2. (cult.).

Potentilla

tormentilla (Tormentilla *erecta*
 Linn.). P. 3. E. 1. Bois.

reptans. P. 2,-E. 1. Bord des
 champs, lieux un peu humides.

verna. H. 3.-P. 2. Collines sèches (1).

argentea. E. 1. Lx. secs et sablonneux (Montaigu, Méréville).

supina. E. Pâturages et lieux inondés (Saulxures. *l*. Ht.!). *PC*.

anserina. P. 2.-E. Bord des routes et des champs.

comarum (Comarum *palustre*
 Linn.). P. 2. 3. Prés humides, marais (Rosières. *g*.). *R*.

fragaria. (Fragaria *sterilis* L.),
 P. 1. 2. Bois, lieux arides.

Agrimonia

eupatoria. P. 3. E. Bord des
 champs, des bois.

Alchemilla

vulgaris. P. 3.-E. 2. Prés montagneux (B. de Faux, près Rémeréville. *a*. Ht.). (2).

arvensis (Aphanes. Linn.). P. 3.
 E. 1. Champs.

Poterium

sanguisorba. P. 2.-E. Prés secs.

Rosa.

arvensis. P. 3. E. 1. Bois, haies.

   α. *vulgaris*.

   β. *bibracteata* (R. *bibracteata*
 fl. fr. suppl.)

   γ. *prostrata* (R. *prostrata* fl.
 fr. suppl.)

canina. P. 3. E. 1. Haies, buissons.

   α. *glabra*.

   β. *dumetorum* (R. *collina* fl.
 fr.)

____

(1) Voy. mes Obs.; XXXII.

(2) Voy. mes Obs.; XXXIII.

rubiginosa. P. 2. 3. Haies, buissons.
- α. *vulgaris*.
- β. *umbellata* (**R**. *umbellata* fl. fr.)
- γ. *sepium* (*R. sepium* fl. fr. suppl.)

tomentosa. P. 3. E. 1. Haies, buissons.

centifolia. P. 3. E. 1. (cult.)

CRATÆGUS

oxyacantha. P. 2. 3. Bois, buissons.
- α. *obtusata* (MESPILUS *oxyacanthoïdes* fl. fr.).
- β. *vulgaris*. (*C. monogyna* JACQ.).

MESPILUS

germanica. P. 2. 3. Bois.

PYRUS

communis. P. 1. 2. Bois.

acerba. P. 1. 2. Bois.

malus. P. 1. 2. Bois.

aria (CRATÆGUS. LINN.). P. 2. 3. Bois.

intermedia (CRATÆGUS *latifolia*.). P. 2. 3 Bois (Blénod. Ht!) R.

torminalis (CRATÆGUS. LINN.). P. 2. 3. Bois.

aucuparia (SORBUS. LINN.). P. 2. 3. Bois (Forêt de haies).

sorbus (SORBUS *domestica* LINN.). P. 2. 3. Bois (Forêt de haie).

CYDONIA

vulgaris (PYRUS *cydonia* LINN.). P. 1. 2. (cult.)

Cucurbitacées.

CUCUMIS

melo. E. (cult.)

sativus. E. (cult.)

BRYONIA

dioïca. P. 2. E. Haies.

CUCURBITA

maxima. E. (cult.)

Onagrariées.

EPILOBIUM (1)

spicatum. E. 1. 2. Bois montueux découverts. cj. P C.

hirsutum E. 1. 2. Fossés, le long des routes, bord des rivières.

molle. E. 1. 2. Bords des fossés et des ruisseaux.
- α. *vulgare*.
- β. *intermedium*. (*E. intermedium* MÉR.)

montanum. E. 1. 2. Bois montagn.

☞ *monstroso triphyllum*. RR.

roseum. E. 1. 2. Bords des fossés et des ruisseaux.

tetragonum. E. 1. Bord des fossés et des ruisseaux.
- α. *vulgare*.
- β. *obscurum*. (*E. obscurum* REICH.).

OENOTHERA

biennis. E. 1. 2. Bords des rivières, dans le sable (Rosières. g. ; Pont-S.t-Vincent. a.). PC.

CIRCÆA

lutetiana. E. 1. 2. Bois du cj. PC.
- β. *glabra* (*C. intermedia* EHR.)

(1) Voy. mes Obs.; XXXIV

(Bois de Faux près Rémeréville. Ht!).

Haloragéex.

MYRIOPHYLLUM

spicatum. } E. Eaux tranquilles,
verticillatum. } marres.

CALLITRICHE

verna. P. Eaux tranquilles et stagnantes.

    α. vulgaris.

    β. intermedia.

    γ. tenuifolia.

autumnalis. A. Eaux tranquilles et stagnantes (W. p.).

HIPPURIS

vulgaris. P. 3. — E. 2. Fossés, rivières (fossés de la papeterie de Champigneule.) R.

Cératophyllécx.

CERATOPHYLLUM

demersum. E. Fossés et eaux tranquilles.

submersum. E. Fossés et eaux tranquilles (W. p.).

Lythrariécx.

LYTHRUM.

salicaria. E. Bord des fossés et des rivières.

    α. vulgaris.

    β. gracilis. (1)

hyssopifolium. E. 1. 2. Terrains sablonneux. a. g. PC. (2)

PEPLIS

portula. E. Lieux inondés.

Portulacéex.

PORTULACA

oleracea. E. Lieux cultivés.

MONTIA

fontana. P. 3. E. Lieux humides, (ruisseau de Brichambeau). R.

Paronychiéex.

CORRIGIOLA

littoralis. E. Lx. sablonneux (île de la Meurthe, vis-à-vis Maxéville. a.; bords de la Moselle, à Rosières. g.). R.

    * floribus rubris.

HERNIARIA

glabra. P. 3. E. Lx. sablonneux (au-dessous de Vandœuvre; bords de la Meurthe).

hirsuta. P. 3. E. Mêmes localités. (W. p.) (3).

ILLECEBRUM

verticillatum (PARONYCHIA. fl. fr.). E. Lx. sablonneux (Montaigu. a.) R.

---

(1) Voy. m. Obs.; XXXV.

(2) Le mot *Lythrum* est évidemment du genre neutre. C'est par inadvertance, et à cause du mot *Salicaria* qui était l'ancien nom générique, que LINNÉ a laissé dans son *Species* les épithètes *hyssopifolia* et *thymifolia*, tandis que toutes les autres sont neutres. Pourquoi donc consacrer ce qui n'est, pour ainsi dire, qu'une faute d'impression, et barioler un genre de cette façon?

(3) M. DUBY indique le *Paronychia pubescens* comme un simple synonyme de l'*H. hirsuta.* Nous avons cueilli l'un et l'autre dans les Pyrénées; c'est certainement plus qu'une variation.

SCLERANTHUS (1)

  perennis. P. 3. E. Pelouses sablonneuses (Rosières . *g* .).

  annuus. P. 3. E. Champs sablonneux.

Crassulacées.

BULLIARDA

  Vaillantii. E. Lieux humides et
inondés (B. de Tomblaine). *RR*.

SEDUM

  telephium. E. 2. Bords des bois et
des vignes. *cj*.

  album. E. 1. 2. Vieux murs, lx.
arides.

  acre. P. 3. E. 1. Vieux murs, l.
secs et pierreux.

  reflexum. E. 1. Pierres, murs,
collines sèches.

SEMPERVIVUM

  tectorum. E. 1. Vieux murs et toits.

Grossulariées.

RIBES

  uva-crispa.

    α. *sylvestre*. P. 1. 2. Haies.

    β. *sativum* (*R. grossularia* L.).
P. 1. 2. (cult.).

  alpinum. P. 1. 2. Bois du *cj*.

  rubrum. P. 2. (cult.).

  nigrum. P. 2. (cult.).

Saxifragées.

SAXIFRAGA

  tridactylites. P. Vieux murs,
champs sablonneux.

  granulata. P. 2. 3. Prés, bord
des bois.

---

(1) MM. HOOKER et VOIGT croient que ces deux plantes appartiennent à la même espèce, et cette opinion est adoptée par M. BENTHAM (cat. des pl. des Pyr. p. 119). J'ai consulté la note de M. VOIGT, insérée dans le *Flora oder botanische Zeitung* (1826, p. 380); il ne les regarde même que comme des variations produites par le terrain dans lequel elles croissent. Il commence par attaquer la pérennéité du *S. perennis*, et quoiqu'il reconnaisse que cette plante fleurit plutôt que l'*annuus*, il assure avoir toujours vu la racine de l'un et de l'autre mourir en automne, et tous les deux se reproduire de semences au printemps : il ajoute que si on veut mesurer leur âge par la difficulté qu'on éprouve à les arracher de terre, c'est plutôt l'*annuus* que l'on croirait vivace. Enfin, il remarque qu'on ne trouve le *S. annuus* que dans les champs nouvellement cultivés; que lorsqu'ils le sont depuis assez long-temps, les deux prétendues espèces sont mêlées ; enfin, que le *perennis* croit exclusivement dans les lieux incultes. Quoique presque toutes ces assertions soient exactes, elles ne suffisent pas pour me convaincre. D'abord, je puis assurer que les *S. perennis* de mon herbier ont une racine qui paraît plus qu'annuelle, tandis qu'il ne peut y avoir de doute pour celle de mes *annuus*, qui sont cependant en graines. Le calice du premier est plus obtus, parce qu'il est bordé d'une membrane blanche bien plus large. Mais comment M. VOIGT, qui a passé plusieurs années à examiner ces deux espèces dans la campagne, n'a-t-il pas eu l'idée de les cultiver l'une à côté de l'autre, et de semer du *perennis* dans un champ de blé et de l'*annuus* sur une pelouse ? J'ai besoin d'expériences aussi décisives pour changer mon opinion à leur égard.

CHRYSOSPLENIUM
  alternifolium. P. 1. 2. Lx. humi-
    des et ombragés (B. de Faux
    près Rémeréville).
  oppositifolium. P. 1. 2. *Id.* (Mor-
    teau près Rosières).
ADOXA
  moschatellina. P. 3. Haies, bois
    couverts.

       Ombelliferœ.

LASERPITIUM
  latifolium LINN. E. 1. 2. Bois du *cj.*
    α. *glabrum.* (*L. glabrum*
      CRANTZ).
    β. *asperum* (*L. asperum*
      CRANTZ). (1).
  gallicum. E. 2. 3. Bois montagn.
    (au-dessus de Maxéville et de
    Boudonville. W. p.).
DAUCUS
  carota. E. Prés, champs (et cult.).
ORLAYA
  grandiflora (CAUCALIS. LINN.) E. 1.
    Champs.
CAUCALIS
  daucoïdes. P. 3. E. 1. Moissons.
  leptophylla (*C. parviflora.* fl. fr.)

P. 3. E. 1. Moissons (Champigneule. W. p.).
TURGENIA
  latifolia (CAUCALIS. LINN.). P. 3.
    E. 1. Moissons.
TORILIS
  nodosa (CAUCALIS *nodiflora* fl. fr.)
    E. 1. Terrains pierreux (Pixeré-
    court).
  anthriscus (CAUCALIS. LINN.). E. 2.
    3. Haies, lieux incultes.
  infesta (SCANDIX. LINN. CAUCALIS
    arvensis fl. fr.). E. 2. 3. Champs,
    haies.
SILER
  aquilegifolium GÆRTN. (ANGELICA.
    fl. fr.) P. 3. E. 1. Bois du *cj.*
    (derrière Gentilly). (2).
HERACLEUM
  sphondylium. E. Prés.
PASTINACA
  sativa. E. 1. Lx. incultes, haies
    (et cult.).
PEUCEDANUM
  carvifolium (SELINUM *Chabrœi* fl.
    fr.). E. 2. 3. Prés humides,
    bois découverts.
    β. *longifolium* (3).

(1) Après avoir long-temps examiné comparativement les *L. asperum* et
glabrum de DE CANDOLLE (suppl. 509), je ne puis les regarder que comme
des variétés d'une seule et même espèce. C'est au reste l'opinion de JACQUIN,
qui a vu un des individus les plus hérissés perdre ses poils par la culture
(aust. II. 29); et CRANTZ lui-même n'en est pas très-éloigné, puis qu'il dit de
son *L. asperum* (aust. 181): « *Non alia planta majorem habet cum Laser-*
« *pitio.... latifolio* LINN. *similitudinem, ut etiam pro varietatibus haberi*
« *possint.* »

(2) Voy. mes Obs.; XL.

(3) Cette variété, qu'on trouve à Nancy et à Metz, a toutes les feuilles

palustre (*SELINUM sylvestre* LINN.) Marais et prés montag. (W. p.)

cervaria (*ATHAMANTA.* LINN. *SELI-NUM.* fl. fr.). E. 2. 3. Lx. pierreux et bois montagneux. *cj.*

ANGELICA

sylvestris (*IMPERATORIA.* fl. fr.). E. 2. 3. Lx. humides, bords des ruisseaux.

SELINUM

carvifolia. E. 2. 3. Prés, bois humides.

BUPLEVRUM

rotundifolium. E. 1. 2. Champs, moissons.

falcatum. P. 3. E. Lx. pierreux, haies, buissons.

PIMPINELLA

magna. E. 2. 3. Lieux incultes, bord des bois, prés.

saxifraga. P. 3. E. Pelouses sèches.

β. *nigra.* (*P. nigra.* WILLD.).

SIUM

angustifolium. E. 1. 2. Fossés, bord des eaux.

latifolium. E. Fossés aquat. (W. p.).

LIGUSTICUM

silaus (*PEUCEDANUM.* LINN.). E. Prés.

ÆGOPODIUM

podragaria. P. 3. E. 1. Haies, vergers.

CARUM

carvi (*SESELI.* fl. fr.). P. 3. Prés.

bulbocastanum (*BUNIUM.* LINN.). P. 3. E. 1. Moissons (Champ de bœuf.).

DREPANOPHYLLUM

falcaria (*SIUM.* LINN.). E. 2. 3. Champs (Tomblaine, Sandronviller, Pixerécourt). *PC.*

PETROSELINUM

sativum (*APIUM petroselinum* LINN.). E. (cult.).

ÆTHUSA

cynapium. E. 2. 3. Bois découverts, lieux cultivés.

AMMI

majus. E. 2. Champs, bords des bois (au-dessus de Maxéville. *cj.*). *RR.*

SESELI

libanotis (*ATHAMANTA.* LINN.) P. 2.- E. 2. Bois montagn. (F. de haye; bords élevés de la Moselle, au N. O. de Sexcy-aux-Forges. *cj.*).

annuum. E. 2. 3. Champs pierreux, pelouses sèches.

glaucum. E. 2. 3. Lx. montagn. *cj.*

β. *montanum* (*S. montanum* LINN.). (1)

HELOSCIADIUM

nodiflorum (*SIUM.* LINN.). E. Ruisseaux, bords des rivières.

OENANTHE

phellandrium (*PHELLANDRIUM*

---

comme CRANTZ représente les supérieures dans la fig. 2 de sa T. 3. (austr. fasc. III): et dans le type, toutes les feuilles sont assez semblables à la feuille supérieure de la même figure.

(1) Voy. mes Obs.; XLI.

aquaticum Linn.). E. 1. Prés
humides, fossés aquatiques.
fistulosa. E. 1. 2. Marais.
peucedanifolia. P. 3. Prés humides
(prairie de Jarville, au bord
de la Meurthe).

CHÆROPHYLLUM
temulum. E. 1. Haies, lx. incultes.
bulbosum. E. 2. Lieux incultes,
buissons (chapelle des trois
Colas. W. f.!; bois de Faux,
près Rémeréville. Ht!).

ANTHRISCUS
sylvestris (CHÆROPHYLLUM. Linn.)
P. 2.-E. 1. Prés, haies.
cerefolium (SCANDIX. Linn. CHÆ-
ROPHYLLUM *sativum* fl. fr.). E.
(cult.).
vulgaris (SCANDIX *anthriscus* Linn.
CAUCALIS *scandicina* fl. fr.). P.
2. Haies, bords des champs. *P C.*

SCANDIX
pecten-veneris. P. 3.-E. 2. Moissons.

CONIUM
maculatum (CICUTA *major* fl. fr.).
E. 1. 2. Haies (Laitre).

SANICULA
europæa. P. 2. 3. Bois, haies.

ERYNGIUM
campestre. E. 2. 3. Lieux incultes,
bords des routes.

HYDROCOTYLE
vulgaris. E. Eaux, marais (la Meurthe à Jarville. M!)

Caprifoliacées.

HEDERA
helix. E. 3. A. 1. Bois, haies, vieux
murs.

CORNUS
mas. P. Bois.
sanguinea. P. 3. E. 1. Haies, bois.

SAMBUCUS
ebulus. P. 3.-E. 2. Bords des routes
et des fossés humides.
nigra. P. 3.-E. 2. Haies humides.

VIBURNUM
lantana. P. 2. Buissons.
opulus. P. 3. Bois.

LONICERA
periclymenum. P. 3. E. 1. Bois, haies.
xylosteum. P. 2. 3. Bois, haies.

Loranthées.

VISCUM
album. P. 1. 2. Vieux arbres.

Rubiacées.

GALIUM
cruciata (VALANTIA. Linn.). P. 2.
3. Haies, bords des chemins.
verum. P. 3. E. Prés, haies, chemins.
Bocconi. E. 1. Bois montagneux. *cj.*
β. *læve* (G. *læve* auct.). E. 1.
Mêmes localités (1).

---

(1) MM. De Candolle et Mérat disent les feuilles du *G. læve* parfaitement
lisses. La plante de nos environs, qui a été prise jusqu'à présent pour le *læve*,
a les feuilles du bas rétrorso-denticulées et le port débile du *G. Bocconi*,
dont elle ne diffère que par l'absence de poils dans le bas de la plante, et par

sylvaticum. E. 1. 2. Bois montagn.
ombragés. *cj.*

mollugo. P. 3. E. 1. Prés, bois,
routes.

palustre. P. 3.- E. 2. Prés marécageux, bord des ruisseaux.

uliginosum. P. 3. — E. 2. Marais
bourbeux (fonds St.-Barthé-
lemy).

tricorne. E. 1. Moissons.

aparine.

α. *vulgaris.* P. 3. E. 1. Haies.

β. *Vaillantii* (*G. Vaillantii* fl.
fr.). P. 3. E. 1. Moissons.

ASPERULA

odorata. P. 2. 3. Bois couverts.

cynanchica. F. Collines, pelouses
sèches.

arvensis. P. 3.- E. 2. Champs.

SHERARDIA

arvensis. E. Champs.

Valérianées.

VALERIANELLA (VALERIANA. LINN.)
olitoria. P. Lx. cultivés (et cult.).

dentata. P. 2. - E. 2. Moissons,
lieux cultivés.

VALERIANA

officinalis. P. 3. E. 1. Prés humides,
bois.

dioica. P. 3. E. 1. Marais, près humides (fonds St.-Barthélemy).

Dipsacées.

SCABIOSA

columbaria. E. Collines sèches.

succisa. E. 3. A. 1. Bois humides,
prés.

KNAUTIA

arvensis (SCABIOSA. LINN.). P. 3. E.
Prés, bords des champs.

β. *integrifolia.* E. Bois (Bois de
Laxou).

DIPSACUS

pilosus. E. 2. 3. Fossés humides,
haies.

sylvestris. E. 2. 3. Haies, bords des
routes.

Composées.

EUPATORIUM

cannabinum. E. 2. 3. Prés et fossés
humides.

---

ses feuilles supérieures lisses. Je la regarde comme une variété du *G. Bocconi*, avec d'autant plus de raison, que j'ai reçu du Dauphiné et de la Suisse une plante qui a le port plus roide et plus droit, les feuilles un peu plus larges et sans aucune dent, et que je rapporterais plutôt au *G. læve.* — ROEMER et SCHULTES (syst. III. 226) décrivent assez bien notre plante sous le nom de *G. læve*; mais ils lui donnent des feuilles «*antrorsùm aculeatis*», tandis qu'elles le sont *retorsùm*, comme je viens de le dire. — Tel était l'état de ma note lorsque j'ai pu consulter le nouvel ouvrage de M. GAUDIN. J'y trouve (helv. I. 428) un *G. sylvestre* POLL., divisé en 5 races: 1. *G. s. vulgatum* (auquel appartient le *G. læve* α et β DE C.); 2. *G. s. alpestre* (dont le *G. læve* δ DE C.); 3. *G. s. Bocconæ* (*G. Bocconi* DE C.); 4. *G. s. supinum* (*G. supinum* DE C.); 5. *G. s. virens* (*G. montanum* VILL.). La plante de Nancy, que je désigne sous le nom de *G. Bocconi* β, paraît appartenir à la première race: mais je répète que ses feuilles sont *retrorso-*, et non pas *antrorso-*denticulées. Mes échantillons du Dauphiné et de Suisse appartiennent à la seconde race.

Tussilago

farfara. P. 1. 2. Terrains argileux un peu humides. *l.*

petasites. P. 1. 2. Lieux humides, bords des eaux (Bois de Faux près de Rémeréville; bords de la Moselle, vis-à-vis Villey-le-Sec).

Senecio

jacobæa. P. 2. – E. Prés.

aquaticus. Prés humides (la Malgrange). (1).

erucœfolius. E. 2. 3. Bois.

viscosus. E. 2. 3. Bords des bois, des rivières.

sarracenicus. E. 2. 3. Bois montagneux (B. de la rive gauche de la Moselle, vis-à-vis Messein. *cj.*).

nemorensis. E. 2. 3. Bois montagneux (F. de haye, entre Maxéville et les fonds St.-Barthélemy. *cj.*). (2).

vulgaris. P. – A. Lieux cultivés, décombres.

Aster

amellus E. 2. – A. 1. Bords des bois montagneux. *cj.*

novi-belgii. E. 2. 3. (Bords de la

(1) Le *S. aquaticus* n'est pas une variété du *jacobæa* comme M. Duby en exprime le doute (bot. gall. I. 226). Outre la forme des feuilles (à lobe terminal fort grand et composant souvent la feuille presque toute entière), il s'en distingue par ses graines très-glabres (caractère indiqué depuis long-temps par Smith (brit. II. 886)), tandis qu'elles sont couvertes de petits poils dans le *jacobæa.*

(2) Les *S. sarracenicus* et *nemorensis* sont très-rapprochés. Celui-ci se distingue à ses feuilles inférieures ovales, dentées presque jusqu'à l'extrémité, à dents écartées, irrégulières, ciliées; les feuilles supérieures sont lancéolées, celles qui avoisinent le corymbe finement dentées. Il est bien reconnaissable dans les figures de Plukenet (phyt. T. 235. f. 1.) et de Reichenbach (ic. bot. cent. 3. T. 294); mais beaucoup moins dans celle de Jacquin (aust. I. 184). L'autre a les feuilles généralement plus étroites et terminées par une longue pointe privée de dents ; les dents qui garnissent le reste de la feuille, excepté la base, sont plus rapprochées, plus étroites, plus longues et souvent régulières ; les feuilles du corymbe sont entières. Il est bien représenté par Fuchs (hist. 728, quant aux formes générales) et par Reichenbach (l. c. T. 293). Quoique Linné ait probablement confondu plusieurs plantes sous le nom de *S. sarracenicus*, comme il cite la fig. de Fuchs pour cette espèce, et qu'il lui a même emprunté une partie de son nom (Fuchs appelle sa plante *Solidago sarracenica*, du nom allemand *heydnich Wundkraut, quòd fortè a Sarracenis reperta putetur*, dit-il), il me paraît que c'est à la plante de Fuchs qu'il faut laisser le nom de *Senecio sarracenicus*. Cependant Reichenbach, d'après Gmelin (bad. III. 444), l'appelle *S. Fuchsii*, et, selon lui, le *S. sarracenicus* de Linné est une autre plante, que Jacquin a figurée (l. c. T. 186) et Reichenbach lui-même (l. c. T. 295), plante que je ne connais pas. Il est vrai que Linné dit de son *S. sarracenicus* : « *dignoscitur... latis foliis* », ce qui ne convient pas à la plante de Fuchs; mais dans sa phrase spécifique, il donne à ces feuilles le nom de « *serratis* », et elles sont doublement dentées dans les descriptions et les figures du *S. sarracenicus* de Jacquin et de Reichenbach. C'était donc cette dernière plante dont il fallait changer le nom. Au reste, je me propose d'étudier sur le frais ces deux es-

Vezouze près Lunéville). (1).

tripolium. E. 3. A. 1. Marais salants (Marsal, Dieuze).

ERIGERON

canadense. E. 2.—A. 1. Lieux sablonneux et pierreux, bois.

acre. E. Pelouses sèches, lieux stériles.

SOLIDAGO

virga-aurea. E. A. 1. Bois et prés montagneux.

BELLIS

perennis. P. Prés, bord des routes.

☞ *monstroso-bractearis*.

☞ *monstroso-umbellata*. (2).

CONYZA

squarrosa. E. 2. 3. Haies, bois secs.

INULA

britannica. E. 2. 3. Fossés, bords des rivières (bords de la Seille. W. p.).

salicina. E. 1. 2. Bois du *cj*.

dysenterica. E. Fossés, lx. humides.

pulicaria. E. Prés humides, lieux inondés.

GNAPHALIUM

sylvaticum. E. 2. 3. Bois, pelouses.

uliginosum. E. 2. 3. Champs humides, lieux inondés. a. g.

pèces, et je me borne à renvoyer aux travaux de WALLROTH (sched. crit. I. 476 et 478) et de REICHENBACH (l. c.), et à rapporter les phrases distinctives que ce dernier donne des trois espèces voisines:

« 1. *S.* (*nemorensis*) *gracilis, foliis ciliatis subtùs puberulis, inferioribus*
« *e basi cuneata ovatis, superioribus lanceolatis, anthodio cylindrico lati-*
« *tudinem vix sesquilongo, radiis 7-8.* REICH. fl. sax.— *Jacob. nemo-*
« *rensis, latiore rigidiore et hirsuto folio.* RUPP. jen. 142. *S. nemorensis*
« LINN. sp. 1221. *S. germanicus* WALLR.! sched. 476. *S. sarracenicus*
« HAYNE! arzn. gew. VIII. 11. »

« 2. *S.* (*sarracenicus*) *rigens, foliis oblongo-lanceolatis, subcoriaceis,*
« *glabris, anthodio turbinato-cylindrico latitudinem alto, radiis subocto-*
« *nis.* REICH. fl. sax.— *S. sarracenicus* LINN. sp. 1221. JACQ. austr. T.
« 186! SMITH brit. II. 887. Engl. bot. 2211! KOCH! bot. zeit. 1819. p. 723. *S.*
« *croaticus* WALDST. et KIT. 143. (*sine radio*). »

« 3. *S.* (*Fuchsii*) *gracilis, foliis anguste-lanceolatis, receptaculo tur-*
« *binato, anthodio cylindrico amplitudinem duplàm longo, radiis quinis.*
« REICH. fl. sax. *Solidago sarracenica* FUCHS. hist. 728. *Jacob. alpina fol.*
« *longioribus serratis* MAPP. als. 151. *Jacobœa ovata* G. M. S. wett! III.
« 212. *S. ovatus* WILLD. sp. III. 2004. *S. Fuchsii* GMEL. bad. III. 444.
« *S. salicifolius* WALLR. sched. 478 (non PERS.). »

(1) Cette espèce est probablement échappée des jardins. Je ne la mentionne ici que parce qu'elle a aussi été trouvée comme spontanée aux environs de Dijon, et indiquée dans le Catalogue des plantes du département de la Côte d'Or, de MM. LOREY et DURET, sous le nom d'*A. novæ-angliæ*, par un *lapsus calami*, que M. LOREY a eu soin de corriger dans l'exemplaire que je tiens de lui. Cette plante ressemble beaucoup à l'*A. salignus*. Voy. mes Obs.; XLV.

(2) La première de ces deux monstruosités, dans laquelle les pièces de l'involucre sont devenues des feuilles, prouve que c'était à tort qu'on appli-

arvense (*FILAGO*. LINN.). E. 2. 3.
Champs sablonneux. *a. g.*
gallicum (*id.*). E. 2. 3. Champs sablon. (Côte de Malzéville. *cj.*)
germanicum (*id.*). E. 2. 3. Champs
sablonneux. *a. g.*
montanum (*id.*). E. 2. 3. Pelouses sèches, champs sablonneux. *a. g.*
dioïcum. P. 3. Pelouses sèches du
cj. (Côte de Malzéville). *RR.*
ELICHRYSUM (*GNAPHALIUM*. LINN.)
arenarium. E. 2. 3. Lieux sablonneux (Pont-à-Mousson).
CHRYSANTHEMUM
leucanthemum. P. 2. – E. 1. Prés.
β. *sylvestris* PERS. Bois.
inodorum (*PYRETHRUM*. fl. fr.). E.
Champs, routes.
segetum. E. Champs (Tomblaine).
MATRICARIA
chamomilla. P. 3. – E. 2. Champs.
ANTHEMIS
cotula. E. Champs.
arvensis. E. 1. Champs.
ACHILLEA
ptarmica. E. 1. 2. Prés humides.
millefolium. P. 3. E. Chemins,
champs, prés.
* *flore purpureo.*
ARTEMISIA
vulgaris. E. 2. 3. Bord des routes,
lieux incultes.

TANACETUM
vulgare. E. 2. – A. 1. Lieux incultes, bords des champs.
XANTHIUM
strumarium. E. Routes, haies
(Dieulouard, Étang de Lindre).
BIDENS
tripartita. E. 2. 3. Fossés, lieux
aquatiques.
cernua. E. 2. – A. 1. Fossés humides, fontaines.
☞ *monstroso – radiata* (*CO-
REOPSIS bidens* LINN.).
LAPPA
tomentosa (*ARCTIUM lappa* β L.).
E. 1. 2. Bords des routes.
glabra (*A. lappa* α LINN.) E. 1. 2.
α. *minor* (*L. minor* fl. fr.). Bords
des routes.
β. *major* (*L. major* fl. fr.). Bois.
ONOPORDUM
acanthium. E. 1. 2. Bords des
routes. (1).
CARDUUS
nutans. P. 3. – E. 2. Bords des
routes, décombres.
* *flore albo.*
crispus. E. Bords des champs et
routes.
acanthoïdes. E. Bords des champs.

quait à cette partie le nom de calice. Dans la seconde, il part de l'involucre
4 – 10 pédoncules, qui portent chacun une petite calathide. J'ai un échantillon
qui réunit ces deux monstruosités.

(1) La ville de Nancy a pour armes cette plante, avec la devise : *Non inul-
tus premor.*

et des routes. (1).

SERRATULA

tinctoria. E. 2. 3. Bois, prés ombragés.

  * *foliis omnibus divisis.*

  * *foliis indivisis.* (2).

CIRSIUM

oleraceum (*CNICUS.* LINN.). E. 2. 3. Prés marécageux.

palustre (*CARDUUS.* LINN.). E. 1. 2. Bois, prés marécageux.

lanceolatum (*CARDUUS.* LINN.). P. 3. – E. 2. Chemins, décombres.

eriophorum (*CARDUUS.* LINN.). E. 2. 3. Bord des routes.

arvense (*SERRATULA.* LINN.). E. 1. 2. Champs, routes.

acaule (*CARDUUS.* LINN.). Bords des routes, des champs.

  β. caulescens (*CNICUS dubius* WILLD. pr.).

CYNARA

cardunculus.   }
scolymus.   } E. (cult.).

CENTAUREA

jacea. P. 3. – E. 2. Prés, bords des bois.

nigrescens (*flosculosa*). E. 1. 2. Prés, bords des bois.

☞ monstroso-bractearis. (3).

nigra. E. 2. 3. Bois et prés du k.

---

(1) Je prends pour le *C. acanthoïdes* une plante qui est au *crispus* ce que le *Lappa tomentosa* est au *glabra;* c'est-à-dire que l'involucre est couvert d'un duvet aranéeux. Le caractère pris des fleurs aggrégées ou solitaires ne peut pas servir pour les distinguer, car il se trouve dans l'un et dans l'autre. Dans l'un et dans l'autre, les graines sont parfaitement lisses, même vues à la loupe, et je serais tenté de ne les regarder que comme deux variétés de la même espèce; mais il faudrait revenir aussi à l'opinion de LINNÉ sur l'*Arctium lappa*. Peut-être le *C. acanthoïdes* du Dauphiné et de la Provence diffère-t-il du nôtre.

(2) Le *S. tinctoria* que M. MOUGEOT m'a envoyé des Vosges a les calathides moins nombreuses, mais d'un tiers plus grosses que dans le nôtre. Sa plante est moins élancée, plus nourrie dans toutes ses parties. Les feuilles sont toutes découpées, a découpures à peu près égales. Cette plante, qui est sans doute la var. γ. de DE CANDOLLE et DUBY. ou l'ancien *S. coronata* de la Flore Française, me parait constituer une véritable variété. Les diverses modifications de feuilles ne sont que des variations.

(3) On n'a pas encore trouvé, à ma connaissance, le véritable *C. nigrescens* WILLD. aux environs de Nancy, c'est-à-dire cette plante munie d'une couronne de fleurons stériles; mais M. HUSSENOT m'a rapporté de nombreux échantillons qui ressemblent bien, à cette couronne près, au *C. nigrescens* du jard. de Strasbourg, que M. NESTLER a obtenu des graines de celui de Berlin, et qui est par conséquent authentique. Les feuilles de notre plante sont seulement plus étroites et plus grises: mais les feuilles ne me paraissent pas pouvoir fournir de bons caractères dans les *C. jacea, nigrescens, nigra*, etc. Parmi les échantillons que je signale, il y en a dans lesquels les écailles de l'involucre se rapprochent davantage de celles du *C. nigra*, et

(Rosières, Dieuze).

cyanus. P. 3. - E. 2. Moissons.

  * *flore rubro*.

montana. P. 3. E. 1. Bois montagneux (Forêt de haye. *cj.*).

scabiosa. E. Bords des bois, des champs.

solstitialis. E. 2. 3. Champs (champs au N. O. de la Neuveville).

calcitrapa. E. A. 1. Lieux stériles, bords des chemins.

CARLINA

vulgaris. E. 2 - A. 1. Lieux secs et pierreux.

SONCHUS

arvensis. E. Champs.

oleraceus. P. 3. E.

  α. *lævis*. Lieux cultivés.

  β. *asper*. Lieux stériles.

LACTUCA

sativa. E. 1. (cult.).

sylvestris. E. 2. 3. Bords des routes.

saligna. E. 1. 2. Bords des champs (Tomblaine. M !). *R.*

perennis. E. 1. 2. Champs pierreux, rochers, vignes.

CHONDRILLA

muralis (PRENANTHES. LINN.). E. Vieux murs, lieux pierreux.

juncea. E. Bords des champs (Tomblaine, Pixerécourt). *R.*

LAMPSANA

communis. Lieux cultivés.

minima (HYOSERIS. LINN.). P. 3. E. 1. Moissons (le Sauvageon. *a.*).

BARKHAUSIA

fœtida (CREPIS LINN.). E. 1. 2. Lieux incultes.

taraxacifolia. P. 2. - E. 1. Lieux pierreux.

  β. *præcox*. Même localité.

CREPIS

diffusa. E. 1. Bords des routes, des champs.

virens. E. 1. Prés, pelouses, bords des champs.

scabra. E. 1. Prés.

biennis. P. 3. Prés.

TARAXACUM (LEONTODON LINN.)

palustre. P. E. 1. Marais, prés humides (fonds St. - Barthélemy). (1).

où, à mesure que cette analogie devient plus frappante, il se montre des poils blancs au sommet de la graine; de sorte que le *C. nigrescens* semblerait propre à réunir le *C. jacea* et *nigra*. Cette assertion a besoin d'être appuyée sur un examen plus attentif; mais je suis persuadé qu'on a attaché trop d'importance aux nombreuses modifications de l'involucre des Centaurées. Dans la monstruosité que j'indique, et qui m'a aussi été communiquée par M. HUSSENOT, les écailles de l'involucre sont devenues des feuilles, à tel point que quelques échantillons ne présentent plus que des paquets de feuilles, sans aucune apparence de fleurs. Le *C. nigrescens* de LAPEYROUSE est une variété ou monstruosité du *C. nigra*, à fleurons extérieurs stériles et rayonnants.

(1) M. DE ST.-AMANS (agen. 324) regarde le *T. palustre* comme une variété du *dens-leonis*. M. BENTHAM (cat. des pl. des Pyr. 94) dit même que ce

dens-leonis (*L. taraxacum* LINN.).
P. E. 1. Prés, bords des champs , des routes , etc.

HELMINTHIA (*PICRIS* LINN.)
echioïdes. E. 3. Champs , routes.

PICRIS
hieracioïdes. E. 2.-A. 1. Champs (1).

HIERACIUM (2)
præmorsum. P. 3. E. 1. Bois, pâturages.
pilosella β incana. P. 2.—E. 1. Lieux arides.
auricula. P. 3. E. Lieux stériles.
  β. *monanthodiatum* (*uniflorum*).
umbellatum. E. 3. A. 1. Pelouses.
sabaudum. E. 3. Bois.
  β. *lanceolatum*.
murorum. P. 2.-A. 2. Murs, lieux stériles.
  β. *nemorosum*. Bois.
  γ. *intermedium* nob. Bois. (3).
sylvaticum. P. 2. 3. Bois, buissons.

HYPOCHÆRIS
radicata. P. 3. E. Chemins, prés.

TRAGOPOGON
pratense. P. 3. E. 1. Prés.
porrifolium. P. 3. E. 1. (cult.).

THRINCIA
hirta (*LEONTODON*. LINN.'. P. 3. E. 1. Lieux stériles et sablonneux, routes.
hispida. P. 3. E. 1. Même localité.
  * *involucro glabro*.

LEONTODON
hastile. E. 1. 2. Prés humides.
hispidum. E. 1. 2. Lieux pierreux (4).
autumnale. E. 2. — A. 1. Bords des champs et des routes.

PODOSPERMUM (*SCORZONERA*. LINN.)
laciniatum. P. 3. Bords des champs (Lunéville).

SCORZONERA
hispanica. P. 2. (cult.).

---

n'est qu'une variation, produite par la différence du sol et de l'exposition. Le D^r. TRACHSEL n'est pas de cet avis : il rapporte dans ses *Botanische Bemerkungen* (Flora ; 1828, p. 149), avoir vu un *T. palustre*, égaré dans un champ bien fumé et y ayant acquis une très-grande taille, dont l'involucre avait conservé la direction et la forme propre à cette espèce.—Le même article, qui ne m'est parvenu que depuis peu, contient une observation analogue à la mienne sur le *Sinapis orientalis* (l. c. p. 148).

(1) J'ai reçu le *Picris pauciflora* de Commercy (Meuse).

(2) Voyez le Mémoire de M. TAUSCH sur les *Hieracium* (Flora ; 1828, p. 49). M. MONNIER prépare un travail sur ce genre intéressant et difficile.

(3) Cette variété tient le milieu entre les *H. murorum* et *sylvaticum* ; c'est-à-dire qu'une partie des feuilles sont atténuées à la base, que les autres ont tronquée. Elle semble devoir réunir ces deux espèces. Cependant le *sylvaticum* fleurit toujours plutôt que son congénère.

(4) Le *L. crispum*, qui m'a été envoyé de Metz, vient aussi probablement dans nos environs. Je le crois une espèce distincte; mais j'ai bien de la

CICHORIUM
  intybus. E. 1. 2. Bords des routes,
    prés (et cult.).
  endivia. E. (cult.).

Campanulacées.

JASIONE
  montana. E. Lieux secs et stériles,
    bords des bois.

PHYTEUMA
  spicata. P. 2. 3. Bois couverts.
    * *flore albo*.

PRISMATOCARPUS (CAMPANULA LINN.)
  speculum. P. 3. E. 1. Moissons.

CAMPANULA
  glomerata. P. 3. - E. 2. Lieux
    arides, collines calcaires.
  trachelium. E. 1. 2. Bois.
  rapunculoïdes. P. 3. - E. 2.
    Champs, lieux secs.
  rapunculus. P. 3. E. 1. Prés,

bois, champs.
  persicifolia. P. 3. E. 1. Bois.
    * *calyce hispido*.
  rotundifolia. E. 2. 3. Pelouses,
    murs, rochers.

Vacciniées.

VACCINIUM
  myrtillus. P. 2. 3. Bois (Bois de
    Bedon). *RR*.

Éricinées.

PYROLA
  rotundifolia. P. 3. E. 1. Bois hu-
    mides (au-dessus de Laxou ; F.
    de haye).

CALLUNA
  erica (ERICA *vulgaris* LINN.). E.
    2. - A. 1. Bois et lieux sa-
    blonneux. *a. g.*

Monotropées.

MONOTROPA
  hypopitys. E. 1. 2. Bois humides.

COROLLIFLORES.

Jasminées.

LIGUSTRUM
  vulgare. P. 3. E. 1. Buissons,
    haies.

FRAXINUS
  excelsior. P. 2. Bois.

Apocynées.

CYNANCHUM
  vincetoxicum (ASCLEPIAS. LINN.).

P. 2. 3. Bois, lieux graveleux.
VINCA
  minor. P. Haies, bois.
    * *flore albo*.

Gentianées.

MENYANTHES
  trifoliata. P. 3. - E. 2. Lieux
    aquatiques (les prés du ruis-
    seau de Bouxières - aux-

peine à ne pas faire du *L. hastile* une variété de l'*hispidum*, auquel une ha-
bitation un peu humide aurait enlevé les poils.

Dames; Rosières). (1).

GENTIANA

cruciata. E. 1. 2. Lieux secs et
montagneux. cj. PC.
germanica. E. 3. A. 1. Prés montagneux. cj.
ciliata. E. 3. A. 1. Prés montagneux. cj.

CHIRONIA (GENTIANA. LINN.)
centaurium. E. Bois. (2).
* flore albo.

Convolvulacées.

CONVOLVULUS

sepium. E. 1. 2. Haies.
arvensis. P. 3. — E. 2. Champs,
lieux cultivés.

CUSCUTA (3)

major. E. 2. Parasite sur l'ortie,
le houblon, etc.
minor. E. 2. Sur les rhinanthes, etc.
epilinum WEIH. E. 2. Sur le lin.

Borraginées.

HELIOTROPIUM

europœum. E. Lieux secs et sablonneux (entre Pompey et Liverdun).

ECHIUM

vulgare. P. 3. — E. 2. Routes,
champs.
* flore variegato.

LITHOSPERMUM

purpureo – cœruleum. P. 2. 3.
Les bois du cj.
officinale. P. 3. E. 1. Lieux incultes, décombres.
arvense. P. 2. 3. Champs.

PULMONARIA

officinalis. H. 3. — P. 2. Bois.
angustifolia. P. 3. Bois du cj.

SYMPHYTUM

officinale. P. 2. — E. 1. Prés,
routes, lieux incultes.

---

(1) Le *Villarsia nymphoïdes* croît à Metz.

(2) Dans l'analyse de la Flore française, M. DE CANDOLLE ne distinguait les
C. centaurium et *pulchella* que par la longueur du calice relativement au
tube de la corolle; ce caractère est mauvais, car le calice varie beaucoup de
longueur dans le *C. centaurium*. M. DUBY (bot gall. I. 328) réunit ces deux
plantes comme variétés; mais je ne suis pas de son avis. Le *C. pulchella* est
une bonne espèce, qui se distingue par ses fleurs pédonculées et nues, tandis
qu'elles sont sessiles et munies de bractées dans le *centaurium*. Le *pulchella*
a, en outre, les fleurs plus petites, la tige plus rameuse et ordinairement moins
élevée, les feuilles plus arrondies et d'un vert plus foncé ; je l'ai trouvé à Bagnères–de–Luchon. C'est au *C. centaurium*, et non au *pulchella*, qu'appartient la var. *nana*, qui croît sur les bords de la mer, et que nous avons cueillie
au-dessus de la Chambre d'amour. Je crois, avec M. DESVAUX (obs. sur les
pl. des env. d'Angers, p. 121), qu'il faut, ainsi que l'a fait PERSOON, maintenir
le genre *Erythræa* de RICHARD, différent surtout par la capsule du genre
Chironia, qui ne renferme que des espèces exotiques.

(3) Voy. mes Obs. ; XLIX.

flore albo.

LYCOPSIS

arvensis. P. 2. – E. 1. Bords des champs, lieux incultes.

MYOSOTIS

lappula. E. Lieux stériles, bois découverts (Pompey. *cj.*). R.

annua (*M. scorpioïdes* α LINN.). P. Prés, champs.

β. *versicolor.*

perennis (*M. scorpioïdes* β LINN.). P. 2. – E. 1. Prés humides, bords des eaux, bois.

flore albo.

CYNOGLOSSUM

officinale. P. 3. Bord des routes, bois, lieux stériles.

linifolium, P. Lieux stériles (au-dessus de Gentilly. *cj.* M.).

Solanées.

SOLANUM

nigrum. E. 2. 3. Décombres, jardins.

β. *villosum* (*S. villosum* fl. fr.).

dulcamara. P. 3. E. Haies.

tuberosum. E. 1. 2. (cult.)

PHYSALIS

alkekengi. P. 3. Haies, lieux humides et ombragés (Marron. W. p.).

ATROPA

belladonna. P. 3. – E. 2. Bois montagneux (Belle-Fontaine

et autres points de la forêt de haye. *cj.*).

DATURA

stramonium. E. Décombres (quasi-spont.).

NICOTIANA

rustica. E. 2. 3. Bois de Maxéville (quasi-spont.).

HYOSCYAMUS

niger. E. 1. Décombres, lieux stériles. *P C.*

VERBASCUM

thapsus. E. 1. 2. Lieux secs et graveleux.

nigrum. E. 2. Chemins.

lychnitis. P. 3. E. Chemins, lieux stériles.

flore albo.

β. *hybridum?* (1).

Antirrhinées.

GRATIOLA

officinalis. E. Lieux humides (Gondreville. W. p.).

DIGITALIS

parviflora. E. 1. 2. Bois du *cj.*

foliis margine pubescentibus.

ANTIRRHINUM

orontium. E. 1. 2. Champs.

LINARIA (*ANTIRRHINUM*. LINN.)

minor. P. 3. E. Lieux cultivés, décombres.

cymbalaria. E. Vieux murs (quais de la Moselle à Pt-à-Mouss.).

---

(1) Cette plante, qui ressemble beaucoup au *V. lychnitis*, s'en distingue par ses feuilles moins grandes et drappées en dessus presque autant qu'en dessous, par ses fleurs plus petites, et par sa panicule beaucoup moins rameuse et souvent presque simple. Les poils des filaments sont blancs. On la prenait ici

spuria. E. 2. 3. Champs.

elatine. E. 2. 3. Champs.

striata. E. 2. 3. Lieux stériles (Pierre).

vulgaris (*A. linaria* LINN.). E. Décombres, le long des murs.

SCROPHULARIA

vernalis. P. 2. 3. Bois (Bois de Tomblaine.). *RR.*

aquatica. E. Bords des eaux, fossés aquatiques.

nodosa. P. 3. - E. 2. Bois couverts.

LIMOSELLA

aquatica. E. Lx. inondés, bords des rivières (île de la Meurthe, vis-à-vis Maxéville ; bords de la Moselle à Rosières).

Orobanchées.

OROBANCHE

rapum (*O. major* fl. fr.). P. 3. E. 1. Racines du *Genista tinctoria.*

β. *affinis* (*O. vulgaris* fl. fr.). P. 3. E. 1. Rac. du *G. sagittalis.*

minor. P. 3. E. 1. Rac. du *Trifolium pratense.*

epithymum. P. 3. E. 1. Rac. du *Thymus serpyllum.*

cærulea. P. 3. E. 1. Rac. de l'*Artemisia vulgaris. R.*

ramosa. E. 1. 2. Rac. du *Cannabis sativa* (1).

LATHRÆA

squamaria. P. 2. Bois couverts (F. de haye. W. p.).

Rhinanthacées.

MELAMPYRUM

arvense. P. 3. E. 1. Champs.

cristatum. P. 3. E. 1. Bois, prés.

pratense. P. 3. E. 1. Bois, prés (2).

PEDICULARIS

palustris. E. 1. 2. Prés aquatiques (Essey, Rosières). *R.*

sylvatica. P. 2. 3. Prés, bois (Le Sauvageon.). *P C.*

* *flore albo.*

RHINANTHUS

glabra (*R. crista-* \
galli α et β L. \
hirsuta (*R. crista-* \
galli γ LINN.) } P. 2. 3. Prés (3).

EUPHRASIA

officinalis (*E. Rostkoviana* HAYN.) E. Prés secs.

* *foliis acutè-dentatis* (*E. offici-*

---

pour le *V. pulverulentum;* mais elle n'a pas les grandes fleurs (de près d'un pouce de diamètre), ni le duvet pulvérulent et floconneux qui distinguent cette espèce, que j'ai cueillie à St.-Sever et à Bagnères-de-Luchon. Notre plante a besoin d'un nouvel examen.

(1) Voyez la Monographie de M. VAUCHER; Genèv. 1827; in 4.º fig. — l'*O. ramosa* croît aussi, dit-on, en Alsace, sur les rac. du *Nicotiana tabacum.*

(2) Voy. mes Obs.; LIII.

(3) Ces deux plantes doivent-elles être plutôt distinguées comme espèces que les *Betonica officinalis* et *stricta,* que M. DUBY ne distingue même pas comme variétés ?

nalis HAYN.). Coteaux arides. (1).

lutea. E. 3. Lieux arides (carrières
de Maxéville. *cj.* `. 2).

odontites. E. Champs, pelouses.

VERONICA

hederæfolia. H. 3. — P. 2. Champs,
décombres, jardins.

agrestis. H. 3. — E. Champs,
jardins, pied des murs.

* *flore albo* (*V. pulchella* fl. fr.).

arvensis. P. 2. 3. Champs, lieux
cultivés.

verna. P. Lieux arides. *P C.*

triphyllos. P. 1. 2. Champs,
lieux cultivés.

serpyllifolia. P. E. Prés et bois
humides.

officinalis. P. 3. E. 1. Bords des
bois, prés secs.

* *officinali – teucrium*. P. 3. Prés
(hors de la porte St.-Georges).
(3).

prostrata. P. 2. 3. Collines, pelouses sèches.

teucrium. P. 2. 3. Prés secs.

chamædrys. P. 2. 3. Prés, haies.

montana. P. 3. E. 1. Lx. montagneux (Pont-à-Mousson). *R.*

scutellata. P. 3. E. 1. Lieux
humides et inondés.

anagallis. E. Fossés et lx. inondés.

beccabunga. P. 2. — E. 1. Fossés
aquatiques, sources.

Labiées.

LYCOPUS

europæus. E. 2. 3. Lx. humides,
marais.

SALVIA

pratensis. P. 3. E. 1. Prés.

AJUGA

chamæpitys (TEUCRIUM. LINN.).
P. 3. E. 1. Lx. pierreux et sablon.

reptans. P. 2. — E. Prés, bois.
* *flore roseo*. * *flore albo*.

pyramidalis. P. 3. Lx. secs,
bois. *P C.*

β. *genevensis* (*A. genev*. LINN.).
P. 3. Lx. herbeux, bois. (4).

---

(1) Voy. mes Obs.; LIV. — M. le D^r. TRACHSEL, dans ses *Botanische
Bemerkungen* (Flora; 1828, p. 145), réunit avec raison les *E. officinalis* et
Rostkoviana de HAYNE, dont le premier, dit-il, croît dans les prés et les bons
champs, et le second dans les lieux stériles. Mais je ne l'approuve pas, lorsqu'il ne regarde l'*E. minima* que comme une autre modification de la même
plante, produite par l'élévation du lieu qu'elle habite; car on trouve aussi
haut les *E. officinalis* et *alpina*, qui ont de grandes fleurs. La petitesse de la
corolle est donc due à une autre cause; c'est donc plus qu'une variation, et
même qu'une simple variété. C'est une race distincte, si ce n'est une espèce.

(2) Voy. mes Obs.; LV.   (3) Voy. mes Obs.; LVI.

(4) Dans le cahier de janvier 1828 du *Linnæa*, p. 78, on trouve des *Ob-
servationes botanicæ in A. genevensem*, où M. DREES établit, par la comparaison d'un grand nombre de variétés de cette plante, que l'*A. pyramidalis* ne
diffère du *genevensis* que parce qu'il croît dans un sol presque nu, où les

Teucrium
scorodonia. E. 1. 2. Bois.
botrys. E. Champs secs et pierreux.
chamædrys. E. 2. Bois montagneux, pelouses sèches.
scordium. E. 1. 2. Prés aquatiques
(au-dessous de la Tuilerie de
Tomblaine). *PC*.
montanum. E. 2. Pelouses sèches
(côte de Malzéville).

Galeobdolon
luteum (*Galeopsis galeobdolon*
Linn.). P. 2. 3. Bois montagneux. *cj*.

Leonurus
cardiaca. E. 1. 2. Haies, buissons.

Marrubium
vulgare. E. Bord des routes. lx.
incultes.

Ballota
fœtida. P. 3. E. 1. Bas des murs,
décombres.

Betonica
officinalis. E. 1. 2. Bord des bois.
β. stricta (*B. stricta* fl. fr.) (1).

Galeopsis
tetrahit. E. 2. 3. Champs.
ochroleuca. E. 2. Champs (Fléville, Rosières). *R*.
* flore roseo.

ladanum. E. Champs, lx. cultivés.

Lamium
album. P. 1. 2. Lieux incultes,
haies.
maculatum. P. 1. 2. Haies, chemins.
purpureum. H. 3. – P. 2. Lieux
cultivés, haies.
* flore albo.
hybridum. H. 3. P. 1. Lieux cultivés, vignes.
amplexicaule. P. 1. – E. 1. Lieux
cultivés, décombres.
☞ monstroso-abortivum (2).

Glechoma
hederacea. P. 1. 2. Haies, murs.
β. grandiflora.

Stachys
arvensis. E. A. 1. Champs, vignes.
annua. E. Lieux cultivés, bords
des champs.
sideritis. P. 3. E. Lieux stériles,
sablonneux.
alpina. E. 1. 2. B. couverts (Ht).
germanica. E. 1. 2. Bois, champs,
bords des routes (3).
sylvatica. P. 3. E. 1. Bois ombragés, haies humides.

feuilles inférieures peuvent se développer; tandis que dans le *genevensis*,
elles sont étouffées par d'autres plantes, au milieu desquelles il végète.

(1) Sans doute les *B. officinalis* et *stricta* sont bien voisins; je les
regarde comme des variétés, mais non comme des variations de la même
plante. Outre le caractère du calice, ils ont un aspect différent, qu'on remarque bien lorsqu'on les cultive à côté l'un de l'autre, comme dans les jardins de Nancy et de Metz.

(2) Les corolles avortent dans cette monstruosité.

(3) Les *S. germanica* et *alpina* ont besoin d'être examinés; car les auteurs

☞ *monstroso – stolonifera*
(B. de Faux près Rémeré-
ville. Ht!)
palustris. E. 1 . 2 . Lieux humides,
bords des eaux.

NEPETA
cataria. E. 1 . 2 . Lieux pierreux,
routes.

MENTHA
sylvestris. E. 2 . 3 . Lieux humides,
fossés.
β. *nemorosa* (*M. nemorosa*
WILLD.). Bois humides.
rotundifolia. E. 2 . 3 . Lieux aquatiques.
β. *crispa* (*M. crispa*. LINN.).
viridis. E. 2 . 3 . Bords des champs
humides (Tomblaine, etc). (1).
☞ *monstroso-stolonifera* (M.).
piperita. E. 2 . 3 . (quasi-spont.).
hirsuta. E. 2 . 3 . Lx. aquatiques.
β. *aquatica* (*M. aquatica* LINN).
sativa. E. 2 . 3 . Lx. humides.
arvensis. E. 2 . 3 . Champs humides.
pulegium. E. 2 . 3 . Bord des eaux.

THYMUS
serpyllum. P. 3 . – E. 2 . Collines,
pelouses sèches.
β. *citriodorus*.
acynos. P. 3 . – E. 2 . Lieux secs,
graveleux.
calamintha (MELISSA. LINN.).
E. 2 . Collines pierreuses.

MELISSA
officinalis. E. 1 . 2 . (quasi-spont.).

MELITTIS
melissophyllum. P. 3 . E. 1 . Bois
couverts (B. de Marron. *cj*.).

CLINOPODIUM
vulgare. E. 2 . 3 . Bords des bois.
* *flore albo*.

ORIGANUM.
vulgare. E. 1 . 2 . Collines, lieux
pierreux.
* *flore albo*.

BRUNELLA
vulgaris. P. 3 . – E. 2 . Prés.
* *flore albo*.
laciniata. E. 1 . Pelouses, lx. secs
(Butgnémont, etc.). *PC*.

ne sont pas d'accord sur leurs caractères distinctifs, et celui pris de la forme des feuilles ne me paraît pas suffisant pour éviter les erreurs dans lesquelles plus d'un botaniste est tombé à leur égard.

(1) Selon M. VIREY (Bull. de Pharm. X. 122), M. NEES rapporte (Arch. für apothec. Ver. n.° 5 (1822, p.113 que la Menthe poivrée, cultivée long-temps dans le même lieu, dégénère très-sensiblement, au point de prendre le goût et l'odeur du *M. viridis*. M. BONFILS, Pharmacien à Nancy, a même vu cette plante perdre peu à peu, dans les mêmes circonstances, ses pétioles, le seul caractère certain qui la distingue de la Menthe verte. Le même phénomène s'est aussi montré dans le jardin de la Maison de Secours de Nancy. Un autre exemple a, dit-on, été signalé depuis par un pharmacien, dans un recueil périodique dont on n'a pu m'indiquer le titre. Est-ce une dégénérescence ou un retour au type? En tous cas, l'une des deux plantes devra donc perdre le rang d'espèce. Qui pourra nous dire jamais le nom de toutes celles qui se sont formées ainsi?

grandiflora. E. 1. 2. Lx. secs et
montagneux, roches.
* *foliis pinnatifidis* (*B. pinnati-*
fida Pers.).

SCUTELLARIA
minor. E. Marais (route d'Heille-
court. M.).
galericulata. E. Marais, bord des
eaux.

Verbénacées.

VERBENA
officinalis. E. 1. 2. Chemins,
murs, décombres.

Lentibulariées.

UTRICULARIA
intermedia. E. 1. 2. Eaux stagnantes (Rosières). *R.*
vulgaris. E. 1. 2. Eaux stagnantes
(prairie de Tomblaine, Rosières, etc.).

Primulacées.

LYSIMACHIA
vulgaris. E. Marais, bord des eaux.
nummularia. P. 3. — E. 2. Lieux
humides et ombragés.
nemorum. P. 3. E. 1. Bois montagneux (F. de Haye. W. p.).

CENTUNCULUS
minimus. E. Lx. marécageux et
sablonneux (W. p.).

ANAGALLIS
arvensis. P. 2. — E. 2. Champs,
lieux cultivés.
α. *cærulea* (*A. cærulea*. fl. fr.).
β. *phœnicea* (*A. phœnicea* fl. fr.).

ANDROSACE
maxima. Champs (Sandronviller.
M.).

PRIMULA
officinalis. P. 1. 2. Prés, bois.
α. *longistyla*.
β. *brevistyla*.
elatior. P. 1. 2. Bois.
α. *longistyla*.
β. *brevistyla*.
grandiflora. P. 1. 2. B. (de Malzév.).
α. *longistyla*.
β. *brevistyla* (*P. brevistyla* fl. fr.
sup.). (1).
* *scapo umbellifero*. Variation
des deux variétés.

Globulariées.

GLOBULARIA
vulgaris. P. 2. 3. Lx. stériles,
pelouses sèches (au-dessus de
Malzéville, de Villers. *cj.*).

MONOCHLAMYDÉES.

Plantaginées.

PLANTAGO
lanceolata. P. 2. E. Prés secs,
chemins.

media. P. 2. E. Prés secs, lx. arides.
major. Prés, lx. arides, chemins.
☞ *monstroso-bractearis*.
☞ *monstroso-paniculata*.

(1) Voy. mes Obs.; LX.

Amarantbées.

AMARANTHUS
blitum. E. 2. Murs des villages.

Chénopodées.

POLYCNEMUM
arvense. E. 2. 3. Champs (Champ de Bœuf, etc.). *PC.*

SALICORNIA
herbacea. E. 2. 3. Marais salans (Dieuze).

CHENOPODIUM
polyspermum. E. 2. 3. Lx. cultivés, bois.
vulvaria. E. 2. 3. Chemins, murs, jardins.
glaucum. E. 2. 3. Champs, lieux cultivés.
hybridum. E. 2. 3. Champs, lx. cultivés, décombres.
rubrum. E. 2. 3. Décombres, fumiers.

leiospermum. E. 2. 3. Champs.
α. *album* (*C. album* LINN.).
β. *viride* (*C. viride* LINN.). (1).
opulifolium. E. 2. 3. Lx. stériles et montagneux.
murale. E. 2. 3. Bas des murs, chemins.
bonus-henricus. P. 2. E. Décombres, murs, chemins.

ATRIPLEX
hortensis. E. 2. 3. (quasi-spont.).
patula. E. 2. 3. Décombres, murs.
β. *maritima.* E. 3. Marais salans (Dieuze) (2).
* *ramis oppositis* (*A. oppositifolia* fl. fr. sup.). Variation des deux variétés.
angustifolia. E. 2. 3. Chemins, bords des champs (3).

SPINACIA
oleracea LINN. P. 3. (cult.).
α. *inermis* (*S. inermis* fl. fr.).

(1) Si les *C. album* et *viride* de LINNÉ ne sont pas deux espèces, ce sont au moins deux variétés bien remarquables, ou plutôt deux races, qui, quoique croissant dans le même champ, conservent une couleur distinctive et un port tout particulier.

(2) La variété *maritima* de l'*A. patula* diffère du type par ses feuilles de deux tiers plus petites et couvertes d'une poussière glauque. Nos échantillons sont absolument semblables à ceux que je possède des bords de l'Océan. L'*habitat* indiqué par MM. DE CANDOLLE et DUBY ferait croire que cette plante ne vient qu'aux bords de la mer, tandis que le type est extrêmement commun dans nos environs. Il a été pris long-temps pour l'*A. hastata*, qui ne croît pas chez nous, et qui se distingue par les dents profondes et sétacées de ses valves séminales (voy. SMITH, brit. III. 1092, et SCHEICH. exsicc.). — l'*A patula* de nos terrains non salés (ou le type) est l'*A. hastata* de SCHKUHR (handb. T. 348. f. 2), et son *A. patula* (l. c. T. 347) est notre *angustifolia,* dont les feuilles du bas sont plus ou moins larges et triangulaires, selon que le sol est plus ou moins riche.

(3) L'*A. Hermanni* de WILLEMET, indiqué comme quasi-spontané dans la Phytographie ou Flore de l'ancienne Lorraine (III. 1222), et rapporté en-

β. *spinosa* (*S. spinosa* fl. fr.). (1).

BETA

vulgaris. P. 3. E. 1. (cult.).

Polygonées.

RUMEX

palustris. E. 2. 3. Marais, fossés (Fléville, Crevic, etc.).

obtusifolius. E. 1. 2. Prés, haies, décombres.

acutus. E. 1. 2. Prés, haies, décombres (W. p.).

nemolapathum. E. 1. Champs et bois humides.

nemorosus. E. 1. Bois.

crispus. P. 3. E. 1. Bords des routes, prés, décombres.

hydrolapathum HUDS. (*R. aquaticus* fl. fr. non LINN.). P. 3. E. Bords des rivières (bords de la Meurthe, du Sanon, etc.) (2).

acetosa. P. 2. — E. 1. Prés (et cult.).

acetosella. P. 2. — E. 1. Prés, lieux cultivés et sablonneux.

scutatus. P. 3. E. 1. Lieux secs et pierreux (carrières de Butgnémont. *cj*.).

suite à l'*A. tatarica* par M. LOISELEUR DESLONGCHAMPS dans son *Flora gallica* (ed. 1. II. 694; ed. 2. I. 218, ne se voit plus au Jardin des plantes de Nancy, où il s'était naturalisé, ainsi que près de là, dans les fossés de la caserne S.te-Catherine. J'ignore s'il existait encore dans cette dernière localité, lorsque ces fossés ont été complètement curés, à l'époque du passage du Roi dans notre ville (15 septembre 1828): mais il n'y est plus maintenant, et je crois ne pas devoir l'indiquer dans mon Catalogue. — L'*A. Hermanni* n'est pas le *tatarica* de LINNÉ, qui a les valves séminales deltoïdes et dentées, tandis que dans notre plante elles sont ovales - lancéolées et très—entières: les fleurs sont aussi beaucoup moins serrées. L'*A. Hermanni* a d'abord été décrit sous ce nom par mon aïeul dans plusieurs journaux français (que je n'ai pas eu le temps de rechercher), sept ans, dit—il, avant l'impression de la Phytographie (voy. l. c.), c'est-à-dire vers 1798. En 1803, SCHKUHR le décrivit et le figura dans son *Botanisches Handbuch* (IV. 333. T. 348, f. 1.), sous le nom d'*A. nitens*. En 1804, REFENTISH l'insera dans le *Prodromus Floræ neomarchicæ* n.º 411). La Phytographie est de 1805. «La même « plante, m'écrit M. NESTLER, à qui j'avais demandé des renseignements sur « cette espèce, conservée à Strasbourg dans l'herbier de HERMANN, la même « plante a été publiée par DESFONTAINES sous le nom d'*A. lucida*: et l'*A. acu-* « *minata* WALDST. et KIT. (hung. T. 103. opt.) est encore cette espèce, « comme je viens de m'en assurer. Mais BIEBERSTEIN (taur. cauc.) décrit sous ce « dernier nom une autre plante, qui paraît plutôt l'*A. hortensis* spontané.» Enfin SCHKUHR cite deux autres synonymes : *A. viridis* EHRH. (cent. sicc., et *A. sagittata* BORKH. (reinisch. mag. 477).

(1) Il me semble que tel caractère, qui dans une plante sauvage suffirait pour établir une espèce, est insuffisant pour les plantes cultivées depuis long-temps, parmi lesquelles il se forme évidemment des races, qu'on serait tenté, mais à tort, de regarder comme espèces.

(2) Voy. mes Obs.; LXIII.

POLYGONUM

fagopyrum. E. 2. (cult. et quasi-spont.)

dumetorum. E. 2. Haies, bois.

convolvulus. E. 2. 3. Champs, lx. cultivés.

amphibium. E.

  α. *aquaticum*. Etangs, marres.

  β. *terrestre*. Lieux humides.

hydropiper. E. 2. - A. 1. Fossés humides.

persicaria. E. Lx. humides, bords des fossés et des routes (1).

  * *flore albo* (*P. incanum* WILLD.).

  * *caule rubro*. * *caule maculato*.

lapathifolium. E. Bord des eaux, lieux humides (1).

  * *flore albo*.

  * *caule maculato*.

  ☞ *monstroso - pulverulentum* (*P. incanum* MÉR.).

pusillum. E. 2. 3. Lieux humides et sablonneux. *a*.

aviculare. E. Chemins, champs, lieux incultes.

Thymélées.

STELLERA

passerina. E. 2. 3. Moissons (Champ de Bœuf. *cj*.).

DAPHNE

mezereum. H. 3. P. 1. Bois montagneux. *cj*.

laureola. P. 1. 2. Bois montagn. (le Montet. *cj*.).

Santalacées.

THESIUM

linophyllum. P. 3. E. Collines, pelouses sèches (côte de Toul, *cj*.)

  β. *humifusum*.

alpinum. P. 2. - E. 1. Pelouses élevées (Marron. *cj*.).

Aristolochiées.

ARISTOLOCHIA

clematitis. E. 1. 2. Lx. stériles et pierreux (Dombasle).

ASARUM

europæum. P. Bois couverts et pierreux (fonds St.-Barthélemy, etc. *cj*.).

Euphorbiacées.

EUPHORBIA

helioscopia. P. E. Lx. cultivés, partout.

platyphylla. E. 1. 2. Champs, bois.

  * *foliis pilosis*.

dulcis (*E. purpurata* fl. fr.). P. 2. 3. Bois.

verrucosa. P. 2. - E. 1. Routes des bois.

palustris. P. 3. Bois humides (fonds de Toul). *PC*.

cyparissias. P. Lieux stériles.

  ☞ *monstroso - deformata* (2).

exigua. E. Champs.

----

(1) Voy. mes Obs.; LXIV.

(2) Il y a là deux déformations, l'une produite par l'*Uredo scutellata*, et l'autre par l'*Æcidium cyparissiæ*.

α. *acuta.*

β. *retusa* (*E. rubra* fl. fr.).

peplus. E. Lieux cultivés, vignes, haies.

sylvatica. P. 2. 3. Bois, haies.

MERCURIALIS.

perennis. H. 3. - P. 2. Bois.

annua. P. 3. E. Lieux cultivés, murs, décombres.

Orticées.

CANNABIS

sativa. E. 1. (cult.).

PARIETARIA

judaïca. P. 3. E. Murs (Pont-à-Mousson) (1).

URTICA

dioïca. P. 2. E. Haies, jardins.

urens. P. 3. E. Lieux cultivés, murs, décombres.

HUMULUS

lupulus. E. 2. 3. Haies (et cult.).

Juglandées.

JUGLANS

regia. P. 2. (cult.).

Amentacées.

ULMUS

campestris. H. 3. P. 1. Bois montagneux, routes.

effusa. H. 3. P. 1. Bois, promenades (la Pépinière).

BETULA

alba. P. 2. Bois (Rosières, Flavigny).

ALNUS

glutinosa. P. 1. Bords des rivières et des ruisseaux (vallée de Champigneule, Rosières, Flavigny).

SALIX

capræa. P. 1. 2. Bois, buissons.

viminalis. P. 2. Lx. humides.

monandra (*S. purpurea* LINN.). Lieux humides, bord des eaux.

triandra. P. 2. Lx. humides.

β. *amygdalina* (*S. amygdalina* LINN.) Haies (Tomblaine) (2).

alba. P. 1. 2. Prés humides, bord des eaux, haies.

β. *vitellina* (*S. vitellina* LINN.). (cult.)

POPULUS

alba.

tremula. } P. 1. Bois.

nigra.

FAGUS

sylvatica. P. 2. Bois.

QUERCUS

racemosa (*Q. robur* LINN.). P. 2. Bois.

sessiliflora. P. 2. Bois.

(1) Voy. mes Obs.; LXVI.

(2) Le Saule que je prends pour le *S. amygdalina* a les feuilles beaucoup plus longues, plus dentées, et les oreillettes plus grandes que le *S. triandra*. Il ne fleurit pas, ainsi que l'a observé DE CANDOLLE. N'est-ce pas une espèce de phyllomanie qui produit cette stérilité ? Ce serait alors une monstruosité, et non une variété.

CORYLUS
avellana. H. 3. P. 1. Bois, buissons
(et cult.).

CARPINUS
betulus. P. 2. Bois.

Conifères.

JUNIPERUS
communis. P. Collines sèches et
arides.

MONOCOTYLÉDONES.

PHANÉROGAMES.

Hydrocharidées.

HYDROCHARIS
morsus-ranæ. E. 1. 2. Eaux stagnantes (prairie de Tomblaine,
Rosières, etc.).

Alismacées.

BUTOMUS
umbellatus. E. 1. 2. Bords des
eaux.

ALISMA
ranunculoïdes. E. Lieux aquatiques (Frouard). R.
plantago. E. Fossés aquatiques,
étangs.

SAGITTARIA
sagittæfolia. E. 1. 2. Étangs,
fossés aquatiques, bords des
rivières.

TRIGLOCHIN
maritimum. E. Marais salans
(Dieuze).
palustre. E. Prés marécageux.

Potamées.

POTAMOGETON
natans. E. 1. 2. Eaux stagnantes.
lucens. E. 1. 2. Rivières, fossés
aquatiques.
perfoliatum. E. 1. 2. Rivières,
étangs, marres.
crispum. P. 3. E. 1. Marres, rivières.
densum. E. 1. 2. Rivières, ruisseaux, étangs (ruisseau de
Bouxières).
β. laxifolium (moulin de Bouxières; la Meurthe au Pont
d'Essey). (1).
zosteræfolium SCHUM. (P. compressum DUBY). E. 1. 2. Eaux
stagnantes (marres de la prairie
de Tomblaine).
β. cuspidatum (P. cuspidatum SCHRAD. ; (2).
compressum (P. compressum, var.
DUBY. E. 1. 2. Eaux stagnantes.

(1) Cette variation, dont les feuilles sont écartées et d'un vert gai, a été
prise pour le *P. oppositifolium*. Celui-ci en diffère-t-il véritablement?

(2) J'ai pris long-temps cette plante pour le *P. gramineum*, et je l'ai reçue
plusieurs fois sous le nom de *P. compressum*. Les Botanistes qui l'avaient
déterminée ainsi, et qui m'ont envoyé en même temps le véritable *compressum*

pusillum. E. 1. 2. Eaux stagnantes (une marre sur la route de Richardmenil, près de la tuilerie).

pectinatum. E. 1. 2. Fossés, marais, rivières.

ZANNICHELLIA

palustris. P. 2. 3. Ruisseaux, fossés aquatiques (près des Grands Moulins. W. f. !).

pour le gramineum, y avaient été conduits par la Flore française, qui donne une largeur de 3–4 millimètres aux feuilles du compressum, et de 2–3 à celles du gramineum. Ce doit être tout le contraire : car LINNÉ appelle les premières linéaires, et les secondes linéaires-lancéolées, ce qui suppose plus de largeur. Ce caractère, joint à la fig. de LOESEL (pruss. T. 66), que LINNÉ applique à son gramineum et qui représente parfaitement notre plante, m'avait engagé à la regarder comme cette espèce, et j'accusais avec raison HALLER d'être l'auteur de tout ce désordre, pour avoir transporté à son n° 851 (qui est le compressum) la fig. citée de LOESEL : en quoi il a été imité par REICHARD, WILLDENOW, DE CANDOLLE, etc. Cependant M. NESTLER ayant eu la complaisance de m'envoyer de Strasbourg le P. zosteræfolium, je lui trouvai la plus grande analogie avec mon gramineum, et cela devait être, car j'ai appris depuis, en consultant le Mantiss. ad vol. III. syst. veget de RŒMER et SCHULTES, p. 363, que SMITH (engl. fl. I. 234) relève la faute que je viens de signaler dans HALLER, et cite la fig. de LOESEL comme représentant parfaitement (optimè) le P. cuspidatum de SCHRADER, lequel n'est que la var. β du P. zosteræfolium. Le P. zosteræfolium doit donc, d'après son nom et les descriptions de MERTENS et KOCH (deutsch. fl. I. 853) et de REICHENBACH (icon. bot. cent. 2. p. 67. T. 175), avoir les feuilles obtuses avec un léger mucron, et c'est ainsi que je l'ai reçu d'Angers, sous le nom de P. compressum. La var. β cuspidatum (P. cuspidatum SCHRAD., P. acutifolium MERT. et KOCH (l. c. p. 654) et REICH. (l. c. T. 176), P. gramineum latifolium LOES. (l. c. 206. T. 66, ou, ce qui est la même chose, BELLEV. T. 145)) a les feuilles cuspidées, et c'est ainsi que je l'ai reçu de Metz, aussi sous le nom de P. compressum. La plante de Nancy tient le milieu entre les deux formes, et prouve qu'elles appartiennent à la même espèce, qui est, à ce qu'il paraît, le P. compressum de DUBY, bot. gall. 1. 440. non LINN.).

Maintenant, en quoi cette plante diffère-t-elle du P. gramineum de LINNÉ ? Voici la description que SMITH, possesseur de l'herbier du Botaniste suédois, donne (l. c.) de cette dernière espèce : « Caulis filiformis, folia graminea, « alterna, sub dichotomiis opposita, 3 poll., lætè viridia, linearia, sed basin « versùs gradatim attenuata, obtusa, vel sæpiùs acumine minuto : reticulis « angustis, oblongis, parallellis ad nervum medium : nervis lateralibus mar- « ginibus propioribus quam nervo medio, tenuissimis, sæpiùs vix conspicuis, « apicem versùs evanescentibus : venis intermediis nullis : stipulæ palli- « dæ, pedunculi constanter è dichotomiis, contrarium verò in speciminibus « non huc, sed ad P. cuspidatum zosteræfolium β, spectantibus : spicæ ex- « sertæ : semina globosa, acumine obliquo : differt à proximo cuspidato et com- « presso præsertim foliorum nervis. Certè distincta species. » SMITH. l. c. p. 235. On cite comme bonne la fig. de l'Engl. bot. T. 2253. Celle de RAI (angl. III. 149. T. 4. f. 3), citée par LINNÉ avant celle de LOESEL, s'y rapporte sans doute. Je n'ai pu consulter ces figures. Le P. zosteræfolium diffère donc principalement du gramineum par ses fruits comprimés et non globuleux,

NAYAS

major. E. 2. 3. Rivières, marais (la Meurthe a Pixerécourt). R.

Orchidées.

ORCHIS

viridis (SATYRIUM. LINN.). P. 3. Prés (la Malgrange; au-dessus de Maxéville). R.

conopsea. P. 3. Prés montueux.

maculata. P. 3. E. 1. Prés mon- tueux.

  * flore albo.

latifolia. P. 2. 3. Prés humides.

  * foliis maculatis.

☞ monstroso – regularis (Pont-à-Mousson. GODEFRIN !) (1).

mascula. P. 2. 3. Prés.

  * foliis maculatis.

morio. P. 3. Prés (la Malgrange).

  * flore albo.

militaris. P. 2. 3. Bois du cj. (F. de haye; Toul). RR.

  * flore subfusco (O. fusca. JACQ.).

galeata. P. 2. 3. Prés montagn. cj.

simia. P. 3. Prés et bois montagn. cj. (au-dessus de la Croix gagnée; Laxou). RR.

coriophora. P. 3. Prés (la Mal- grange).

ustulata. P. 3. Prés (Vandœu- vre, Champigneule). R.

pyramidalis. P. 3. Prés secs. cj.

bifolia. P. 3. Bois humides.

  * foliis latioribus.

hircina (SATYRIUM. LINN.). E. 1. Prés montagneux, bords des bois (Croix gagnée; au-dessus de Malzéville. cj.). PC.

OPHRYS

anthropophora. P. 3. Prés et col- lines sèches.

☞ monstroso-regularis. Bois (B. de Maxéville) (2).

myodes. P. 3. E. 1. Prés monta- gneux. cj.

aranifera. P. 2. Collines, bois montagn. (F. de haye. cj.). R.

arachnites. P. 2. Pâturages et bois

---

par sa tige comprimée et non filiforme, et par ses nervures latérales également distantes du bord et de la nervure médiane. Il diffère du *compressum* par son épi non interrompu, et par la largeur de ses feuilles (1–1 ½ ligne), qui n'ont ordinairement que trois nervures, tandis qu'il y en a 5 dans celles du *compressum*, qui sont pourtant plus étroites (¾ de ligne). Voyez GAUDIN helv. I. 478. Le *P. compressum* est assez bien représenté par BULLIARD (fl. de Par. T. 77): mais les feuilles de cette fig. ont trop de largeur. le *P. pu- sillum* a les feuilles encore moins larges (¼ – ½ ligne), plus ouvertes (*folia basi patentia* LINN.), à 1 – 3 nervures; l'épi est composé de 2 ou 3 paires de fleurs opposées et écartées. Il est bien représenté par VAILLANT (bot. T. 32. f. 4.).

(1) Voyez le Mémoire de M. A. RICHARD (Mémoires de la Soc. d'hist. nat. de Par. I. 202. T. 3).

(2) Voy. mes Obs.; LXIX.

montagn. (F. de haye; Toul.
cj.). *RR.*

apifera. P. 3. E. 1. Prés et collines sèches. *cj.*

monorchis. P. 3. E. 1. Prés montagneux, bords des bois (au-
dessus de Maxéville, de Laxou. *cj.*).

NEOTTIA

spiralis (OPHRYS. LINN.). E. 3.
Prés secs (le Sauvageon). *R.*

EPIPACTIS

ovata (OPHRYS. LINN.). P.3.E.1.
Bois et prés ombragés.

nidus-avis (OPHRYS. LINN.). P.3.
Bois couverts.

pallens (SERAPIAS grandiflora,
var. LINN. E. lancifolia fl.fr.)
P. 3. Bois. *PC.*

ensifolia (SERAPIAS grandiflora,
var. LINN.) P. 2. Bois (au-
dessus de Gentilly). *R.*

rubra (SERAPIAS. LINN.). P. 3.
E. 1. Bois montagn. *cj. PC.*

latifolia (SERAPIAS. LINN.). E. 1.
2. Bois, collines ombragées.

β. *microphylla.*

palustris (SERAPIAS longifolia LIN.)
E. Prés marécageux ou humi-
des (fonds St.- Barthélemy;
Bouxières).

LIMODORUM

abortivum (ORCHIS. LINN.). E. 1.
Bois montagneux. *cj.* Croix
gagnée; B. de St.-Geneviève).
R.

CYPRIPEDIUM

calceolus. P. 3. Bois montagn. *cj.*

(B. de la rive gauche de la
Moselle, vis-à-vis Villey-le-
Sec). *RR.*

Iridées.

IRIS

pseudacorus. P. 3. E. 1. Bords des
eaux.

Amaryllidées.

NARCISSUS

pseudo-narcissus. P. 1. Bois, prés
(au-dessus de Laxou; Morteau près Rosières).

LEUCOIUM

vernum. H. 3. P. 1. Bois (B. de
Faux près Rémeréville).

☞ *monstroso-biflorum.*

Asparagées.

ASPARAGUS

officinalis. E. (cult. et quasi-spont).

PARIS

quadrifolia. P. 2.— E. 1. Bois.

☞ *monstroso-pentaphyllos.*

CONVALLARIA

verticillata. P. 3. Bois (F. de haye.
W. p.) *RR.*

polygonatum. P. 2. Bois, buissons.

☞ *monstroso-biflora.*

multiflora. P. 2. 3. Bois, buissons.

majalis. P. 2. Bois.

MAYANTHEMUM

bifolium (CONVALLARIA. LINN.).
Bois montagneux. *cj.*

TAMUS

communis. P. 3. E. 1. Bois.

Liliacées.

LILIUM

martagon. P. 3. E. 1. Bois mon-

tagneux (le Montet; au-dessus de Vandœuvre. *cj*).

PHALANGIUM (*ANTHERICUM.* LINN.)

liliago. P. 3. E. 1. Bois montagneux (au-dessus de la Croix
gagnée. *cj*.).

ramosum. P. 3.–E. 2. Bois du *cj*.

☞ *monstroso-simplex.*

SCILLA

bifolia. H. 3. P. 1. Bois.

GAGEA (*ORNITHOGALUM.* LINN.)

lutea β *sylvatica* (*O. sylvaticum*
fl. fr.) P. 1. Bois (F. de haye).

villosa (*O. minimum* fl. fr.) P. 1 . 2.
Champs.

ORNITHOGALUM

pyrenaïcum α *flavescens*. E. 1.
Bois du *cj*.

ALLIUM

porrum. E. (cult.).

sativum. E. 1. (cult.).

ascalonicum. (cult.)

sphærocephalum. E. 1. 2. Lieux
montagn. et stériles. *cj*. (Butgnémont, Frouard). *PC*.

vineale. E. 1. Prés, vignes.

cepa. E. (cult.).

oleraceum. E. 1. Vignes, champs
(Lunéville). *R*.

schœnoprasum. E. 2. (cult.).

ursinum. P. 2. 3. Bois, haies.

Colchicacées.

COLCHICUM

autumnale. E. 3. Prés humides.

β. *vernum*. P. 1.

Joncées.

JUNCUS

communis. P. 3. E. 1. Marais, bois
humides (1).

α. *conglomeratus* (*J. conglomeratus* LINN.).

β. *effusus* (*J. effusus* LINN.).

glaucus. E. 1. 2. Lieux humides,
bords des eaux.

uliginosus MEY. (*J. verticillatus*
PERS.). E. Marres, prés tourbeux.

α. *vulgaris* (*J. bulbosus* LINN.
sp. ed. 1. *J. uliginosus* ROTH.).

β. *fluitans* (*J. fluitans* fl. fr.) (2).

γ. *supinus* (*J. supinus* fl. fr.) (3).

---

(1) Les nombreux intermédiaires que j'ai rencontrés entre les *J. conglomeratus* et *effusus* de LINNÉ m'avaient engagé à les regarder comme deux
variétés, avant que j'eusse connaissance de la monographie de MEYER; WALL-
ROTH, de son côté, les avait aussi réunis sous le nom de *J. lævis*. Cependant
GAUDIN les sépare de nouveau, et se fonde sur les observations de KOCH
(Flora; 1825, p. 89); mais, excepté l'inflorescence, je n'ai pu y voir aucune
des différences signalées, dont la principale consiste dans les caractères suivants : «*Styli basi abbreviatâ foveolæ imæ insidente*», pour l'*effusus*; et
«*Styli basi mammillæ elevatæ insidente*», pour le *conglomeratus* (GAUD.
helv. II. 542 et 543).

(2) C'est à cette variété que MEYER (syn. junc. 29) rapporte le *J. repens*
de M. REQUIEN.—Voy. mes Obs.; LXX.

(3) C'est le *J. triandrus* VILL. (cat. 81. T. 2. excl. syn. DE C.).

☞ *monstroso-viviparus*)
☞ *monstroso-utriculatus*) (1)

bufonius. P. 3. E. 1. Lx. et chemins humides, prés marécageux.

☞ *monstroso-viviparus* (*J. bufonius* β LAM. dict.).

bulbosus (LINN. sp. ed. 2). P. 3. Marais, lieux humides.

bottnicus WAHLEMB. (*J. consanguineus* KOCH. *J. Gerardi* LOIS. *J. nitidiflorus* DUF.) E. Prés humides (Girivillier); marais salants (Vic) (2).

lampocarpos (*J. articulatus* LINN.

J. sylvaticus, var. fl. fr. ex DUBY). E. 1. Lx. humides (3).

☞ *monstroso-utriculatus* (4).

acutiflorus (*J. sylvaticus* fl. fr.). E. 1. Fossés, marres, bois humides (prairie de Tomblaine; fonds St.-Barthélemy). PC.

obtusiflorus (*J. articulatus* fl. fr. ex DUBY). E. 1. Fossés, lieux humides (Blénod. Ht!). R.

LUZULA (JUNCUS. LINN.)

albida. P. 3. Bois (B. de Tomblaine, de Laxou).

vernalis. P. 1. 2. Bois.

maxima. P. Bois (B. de Tomblaine, etc.).

(1) La première de ces monstruosités appartient aux trois variétés; la seconde n'a été vue que sur la var. x. Voy. ci-dessous la note (4).

(2) Ce n'est pas la longueur de la spathe qui distingue cette espèce; c'est celle du style, celle du périgone qui surpasse la capsule, et la couleur de la fleur qui est d'un brun rougeâtre très-foncé avec une ligne verte au milieu. C'est à cette plante, et non au *bulbosus*, qu'appartient très-certainement le *J. nitidiflorus* de DUFOUR, qu'il m'a donné des marais salants de la Teste de Buch, et le *consanguineus* qu'on trouve dans les eaux salée a Vic. Mais elle n'est pas propre aux terrains salés, comme semble le croire MEYER (syn. junc. 46); car, outre l'échantillon de Girivillier, je l'ai encore cueillie à Dax, et je l'ai reçue de Bar, de Strasbourg et de Mende, ce dernier échantillon sous le nom de *J. Gerardi*.

(3) Il m'est impossible d'adopter l'opinion de M. DUBY (bot. gall. I. 477), et de regarder le *J. heterophyllus* de DUFOUR, que j'ai cueilli a Dax et que j'ai reçu de Corse (*J. corsicus*, n.° 146 de M. SALZROL, ined.), comme une simple variété du *J. lampocarpos*. Ses fleurs sont plus grandes, les divisions du périgone plus longues que la capsule, les bractées entièrement membraneuses et très-blanches, obtuses avec un long mucron, les feuilles de deux sortes : celles qui flottent dans l'eau filamenteuses, confervoïdes; celles de la tige deux fois plus grosses que dans le *lampocarpos*. Il en diffère au moins autant que l'*acutiflorus*.

(4) C'est le *Gramen junceum folio articulato cum utriculis* C. BAUH. prodr. 12. La cause de ces utricules est la piqûre du *Chermes junci*, selon SCHRANK (baiersch. fl. I. 615).

multiflora. P. 2. 3. Bois (1).

campestris. P. Pelouses, bois.

Aroïdes.

ARUM

vulgare (*A. maculatum* LINN.).
P. 2. Bois, haies (F. de haye).

ACORUS

calamus. E. 1. Fossés aquatiques
(bords de la Meurthe à Pixerécourt). *R.*

Typhacées.

TYPHA

latifolia. P. 3. E. 1. Marais.

angustifolia. P. 3. E. 1. Marais
(Pont d'Essey). *R.*

SPARGANIUM

simplex (*S. erectum* β LINN.) Eaux
stagnantes.

ramosum (*S. erectum* α LINN.).
Fossés, bords des eaux.

Cypéracées.

CYPERUS

fuscus. E. 3. A. 1. Marais, lieux
humides.

flavescens. E. 2. 3. Marais (entre
la Malgrange et Bonsecours).
RR.

SCHOENUS

compressus (*SCIRPUS caricis* fl. fr.)
P. 3. E. 1. Prés humides.

albus. E. Prés tourbeux (Lunéville).

SCIRPUS

palustris. P. 3. E. Marais, fossés.

β. *intermedius* (*S. intermedius*
THUILL.).

multicaulis. P. 3. E. 1. Marais
(Giriviller) (2).

ovatus. E. 1. Lx. humides (Etang
de Champigneule). *R.*

acicularis. E. 2. 3. Marais, lieux
inondés.

setaceus. P. 3. E. Marais, lieux
inondés.

lacustris. P. 3–E. 2. Marais.

maritimus. P. 3. E. 1. Marais, fossés aquatiques.

sylvaticus. P. 3. E. 1. Bois humides, marais.

ERIOPHORUM

polystachyum. P. 2. 3. Prés marécageux (3).

---

(1) Le *L. congesta*, que j'ai cueilli dans le Midi et que j'ai reçu des Vosges,
est une variété du *multiflora* et non pas du *campestris*, ainsi que le veut
M. DUBY (bot. gall. I. 479); il a la racine fibreuse comme le premier et non
rampante comme le second. Il ne diffère du *multiflora* que par l'inflorescence,
de même que le *Juncus conglomeratus* de l'*effusus*. M. DESVAUX dit avoir
vu ces deux variétés sur le même pied (Obs. sur les pl. des env. d'Angers. 82).
L. DUFOUR m'a donné un échantillon de St.-Sever, duquel M. DE CANDOLLE
lui avait écrit : « Intermédiaire entre les *L. congesta* et *multiflora*, et tendant
« peut-être à les réunir.»

(2) Voy. mes Obs.; LXXI.—Le *S. bæothryon* vient à Metz; peut-être
existe-t-il a Nancy.

(3) Je n'ai encore trouvé que l'*E. polystachyon* dans nos environs. On dit

CAREX

davalliana. P. 2. Prés marécageux (entre la Malgrange et Bonsecours. M.). R.

disticha. P. 2.–E. 2. Marais.

vulpina. P. 2. 3. Marais, bords des eaux.

divulsa. P. 3. Bois humides.

muricata. P. 3. Bois humides.

paniculata. P. 3. Marais (fonds St.-Barthélemy).

cyperoïdes. P. 3. Lieux humides (Lunéville). R.

ovalis. P. 3. Marais, prés humides (1).

brizoïdes. P. 1. 2. Prés, bords des Bois (W. p.) (2).

curta. P. 3. Lieux humides (fonds St.-Barthélemy, en allant aux baraques).

stellulata. P. 3. Prés humides et marécageux.

remota. P. 2.–E. 2. Lieux humides et ombragés (fonds St.-Barthélemy).

elongata. P. 2. 3. Lx. incultes, bois humides (W. p.) (2).

cæspitosa. P. 2. 3. Bords des eaux, prés humides.

acuta (C. gracilis fl. fr.). P. 2. 3. Bords des marres (entre Jarville et Montaigu).

tomentosa. P. 2. 3. Marais, bois humides (le Montet; fonds St.-Barthélemy).

montana. P. 1. 2. Bois montagneux. cj.

præcox. P. 2. 3. Prés, pelouses.

humilis. P. 2. Collines sèches (vallée de Champigneule). R.

digitata. P. 1. 2. Bois.

ornithopoda. P. 1. 2. Bords des bois (au-dessus de Maxéville, etc.) (3).

glauca. P. 2. Bois. cj.

hirta. P. 3. Lx. sablonneux. a.

flava. P. 3. Prés humides, bord des eaux.

strigosa. P. 2. Bois (Pont-à-Mousson).

y avoir vu le *vaginatum*. Je l'ai reçu du département de la Moselle, ainsi que l'*angustifolium* et le *gracile*.

(1) Tous les auteurs citent le *C. leporina* de LEERS (herb. T. 14. f. 6) comme synonyme du *C. ovalis*; mais c'est une erreur dont on peut se convaincre facilement par la description et la fig. de LEERS, dont le *C. leporina* a les épis mâles au sommet.

(2) C'est sur la foi de la Flore Lorraine que je cite les *C. brizoïdes* et *elongata*; mais je les ai reçus de Metz.

(3) On veut que le *C. ornithopoda* ne soit qu'une variété du *digitata*. Toujours est-il certain que ce n'est point une variété produite par le sol et l'exposition, car je les ai vus croître à côté l'un de l'autre et conserver leurs caractères.

patula. P. 3.–E. 2. Bois.

distans. P. 3. Prés humides (bords de l'étang de Champigneule).

panicea. P. 2. 3. Prés humides, bords des eaux.

pallescens. P. 3. E. 1. Prés marécageux, bois.

pseudo-cyperus. E. 1. Lx. humides, fossés aquatiques (Lunéville). *R*.

hordeisthicos. P. 3. Marais (Pont-à-Mousson, Giriviller). *R*.

vesicaria. P. 3. Marais, bords des eaux.

ampullacea. P. 3. Marais, bord des eaux.

paludosa. P. 2. 3. Marais, bord des eaux.

riparia. P. 2. Bords des rivières.

Graminées.

MAYS
zea (*ZEA mays* LIN.). E. 2. 3. (cult).

ANDROPOGON
ischœmum. E. 2. Lx. secs (l'Avant-garde au-dessus de Pompey). *RR*.

CYNODON
dactylon (*PANICUM*. LINN.). Lieux sablonneux (W. p.).

DIGITARIA
sanguinalis (*PANICUM*. LINN.) E. 2.-A. 1. Lieux cultivés.

LEERSIA
oryzoïdes (*PHALARIS*. LINN.). E. 2. 3. Bords des eaux (parmi les roseaux près du Pont de Bouxières). *R*.

CALAMAGROSTIS
epigeios (*ARUNDO*. LINN.). E. 1. Bois élevés (B. de Laxou. *cj*.).

lanceolata (*ARUNDO calamagrostis* LINN.?) E. 2. Bois humides (Belle Fontaine. *cj*.). *RR*.

AGROSTIS
alba. E. 1. 2. Lieux humides.

α. *ascendens* (*A. alba* fl. fr.).

β. *decumbens* (*A. stolonifera* fl. fr. *A. decumbens* DUBY).

* *paniculâ rubrâ*. Variation des deux variétés.

vulgaris. E. 1. 2. Prés, bois, champs.

* *paniculâ albâ*.

☞ *monstroso-pumila* (*A. pumila* LINN.) (1).

canina. E. 1. 2. Prés humides, bois.

spica-venti. E. 1. 2. Moissons.

MILIUM
effusum (*AGROSTIS*. fl. fr.). P. 3. Bois.

PANICUM
miliaceum. E. 2. (cult.).

crus-galli. E. 3. Champs, lieux cultivés.

* *spiculis muticis*.

italicum. E. 3. (cult.).

glaucum. E. 1. 2. Bords des champs, des chemins (W. p.).

viride. E. 2. 3. Champs.

verticillatum. E. 2. 3. Champs.

PHALARIS
arundinacea (*CALAMAGROSTIS colo-*

---

(1) On sait que cette monstruosité ou déformation est due à l'*Uredo segetum* qui attaque les graines de la plante.

rata fl. fr.). E. 1. Prés humides, bords des eaux.

phleoides. P. 3. E. 1. Prés, bords
des bois.

PHLEUM

pratense. P. 3.–E. 2. Prés, bords
des chemins.

   α. *elongatum* (*P. pratense* LIN.)

   β. *nodosum* (*P. nodosum* LINN.)

    * *spicâ ovatâ.*

ALOPECURUS

pratensis. E. 1. Prés.

agrestis. P. 3. E. 1. Prés, champs.

utriculatus (PHALARIS. LINN.).
   P. 3. Prés humides (prairie de
   Tomblaine).

geniculatus. E. Marais, fossés,
   bords des eaux.

ANTHOXANTHUM

odoratum. P. 3. Prés, bois.

MELICA

uniflora. P. 2. 3. Bois.

nutans (*M. montana* fl. fr.). P. 3.–
   E. 2. Bois montagneux. *cj.*

AIRA

cæspitosa. E. 2. Bois, prés.

flexuosa. E. 1. 2. Bois (1).

cariophyllea. P. 3. – E. 2. Lx. sablonneux (le Sauvageon. *a.*).

canescens. E. 1. Champs sablon.
   (Tomblaine. Montaigu. *a.*) *PC.*

præcox. P. 2. Lx. sablonneux (le
   Sauvageon. *a.*).

AVENA

mollis (*Holcus*. LINN.). E. 1. 2.
   Prés, champs.

lanata (*id.*). P. 3. E. Prés, champs.

elatior. E. Prés, le long des murs.

   β. *b. bulbosa* (*A. bulbosa* fl. fr.).
   P. 3. E. Moissons.

flavescens. E. 1. Collines, prés secs.

pratensis. E. 1. Prés, bords des
   bois.

pubescens. P. 3. Prés montagneux,
   collines.

brevis. E. 2. Moissons.

orientalis.

nuda.   } E. 1. (cult.).

sativa.

   * *seminibus nigris.*

sterilis. P. 3. E. 1. Moissons.

fatua. E. Moissons.

DANTHONIA

decumbens (FESTUCA. LINN.). Lx.
   sablonneux (Tomblaine, Montaigu. *a*).

BROMUS

grossus. E. 1. Moissons (Tomblaine).

secalinus. E. 1. Moissons.

   * *aristis longioribus.*

mollis. E. 1. 2. Prés, bords des
   routes.

   * *culmo nano* (*B. nanus* WEIG.).

racemosus. E. 1. 2. Prés, champs.

pratensis. E. 1. Prés, champs, lx.
   stériles.

erectus. E. 1. Prés, bords des
   bois.

asper. E. 1. Bois, haies.

giganteus. E. 1. Bois, prés ombragés.

---

(1) Je n'ai pas encore trouvé l'*A. montana* de LINNÉ, du moins la plante
dont parle M. DESVAUX dans ses Observations sur les plantes des environs
d'Angers, p. 35.

sterilis. P. 3. E. 1. Haies, bords des routes, lieux stériles.

tectorum. P. 3. E. 1. Toits, murs, lieux stériles.

FESTUCA

pseudo-myuros nob. (*F. myurus* fl. fr. non LINN.). E. 1. Lx. sablonneux (Montaigu. *a.*)

sciuroïdes ROTH (*F. bromoïdes* DUBY, excl. fig. LAM. et PLUK.). E. 1. Lx. sablonneux (Montaigu. *a.*). *PC.*

bromoïdes. E. 1. Champs sablonneux (entre Tomblaine et Saulxures. *a.*). *R.* (1).

ovina. P. 3. Pelouses (W. p.).

duriuscula. E. 1. Champs arides.

β. *curvula* (*F. curvula* RŒM. et SCH.). Côteaux secs.

rubra. E. 1. Lx. secs et stériles.

heterophylla α *Lamarckii*. E. 1. Bois (2).

sylvatica. E. 1. Bords des bois (au dessus de Laxou). *PC.*

arundinacea. E. 1. Bords des eaux (rive gauche de la Meurthe, vis-à-vis Maxéville).

elatior. P. 3. Prés.

cærulea (AIRA, puis MELICA. LINN.) E. 2. 3. Bois, prés ombragés. (3).

ARUNDO

phragmites. E. 2. 3. Bords des eaux.

DACTYLIS

glomerata. P. 3. E. Prés, haies, chemins.

KŒLERIA

cristata (AIRA. LINN. POA. MURR.)

---

(1) Voy. mes Obs.; LXXIV.

(2) On confond souvent les *F. ovina*, *duriuscula*, *rubra* et *heterophylla*, parce qu'ils se ressemblent assez. On distinguera les deux premiers à leurs feuilles toutes sétacées : l'*ovina* à ses épillets fort petits, de 1 ½ — 2 lignes de longueur, et à ses feuilles radicales capillaires et dressées (le *tenuifolia* est la même espèce à épillets mutiques); je ne l'ai pas encore rencontré moi-même dans nos environs; mais on dit qu'il y existe et je l'ai reçu de Metz : le *duriuscula* à ses épillets de 3–4 lignes et à ses feuilles radicales plus grosses que dans le précédent, souvent courtes et courbées (var. β *curvula*). Les deux autres ont les feuilles supérieures plus larges que les inférieures: mais dans le *rubra*, ces feuilles inférieures sont roulées sur elles-mêmes; dans l'*heterophylla*, elles sont réellement triangulaires, très-fines et très-longues. Enfin, on distinguera le *F. duriuscula* du *rubra*, qui s'en rapproche par quelques variétés, en ce que la racine est fibreuse dans le premier et rampante dans le second.

(3) On dit avoir trouvé le *F. loliacea* dans nos environs; mais les échantillons qu'on m'a donnés sous ce nom appartiennent à la monstruosité du *Poa fluitans* que je signalerai bientôt. Cependant j'ai reçu le véritable *F. loliacea* de Metz et de Verdun. Au reste cette plante, dont je n'ai vu que peu d'échantillons, est peut-être au *F. elatior* (ou *pratensis*) ce que la monstruosité en question est au *Poa fluitans*. — Le *F. inermis* vient aussi dans le département de la Moselle.

P. 3. E. 1. Prés secs, pelouses, lieux stériles.

β. *gracilis.*

POA

dura (CYNOSURUS. LINN.). Lx. arides (Bezange-la-Grande. *k.* Ht!)

maritima. E. 3. Marais salants
(Dieuze).

β. *distans.* Même localité.

compressa. E. 1. 2. Prés secs, lx.
stériles, murs.

bulbosa. P. 2. 3. Prés.

☞ *monstroso-vivipara.* Lieux
secs.

trivialis (P. *scabra* fl. fr.), P. 3.
E. Prés.

β. *Kœleri* (P. *Kœleri* DE C. syn.).

pratensis. P. 3. E. 1. Prés.

β. *angustifolia* (P. *angustifolia*
LINN.)

nemoralis. E. 1. 2. Bois.

☞ *monstroso-multiflora.*

☞ *monstroso-ramosa* (1).

β. *glauca.*

annua, P. 2.-E. Lx. cultivés, décombres, etc.

sudetica. P. 3. E. 1. Bois (B. de
Tomblaine, etc.).

* *paniculâ rubrâ* (P. *Willeme-
tiana* GOD. in WILLEM. phyt.).

aquatica. E. 2. Bords des eaux.

airoïdes (AIRA *aquatica* LINN. . P.
3. E. 1. Fossés aquatiques.

* *paniculâ rubrâ.*

fluitans (FESTUCA. LINN.). E. A. 1.
fossés aquatiques.

☞ *monstroso-subspicata* (2).

BRIZA

media. P. 3. Prés, bois.

minor. P. 3. Bois (Hardéval. W. p.).

CYNOSURUS

cristatus. E. 1. Prés secs, lieux
stériles, bords des routes.

SESLERIA (CYNOSURUS. LINN.)

cœrulea. P. 2. Rochers, prés montagneux (3).

NARDUS

stricta. P. 3. E. 1. Lx. arides (le
Sauvageon). *RR.*

TRITICUM

sativum. P. 3. E. 1. (cult.).

* *spiculis aristatis* (T. *œstivum*
LINN.).

* *spiculis muticis* (T. *hybernum*
LINN.).

β. *turgidum* (T. *turgidum*
LINN.).

---

(1) La première de ces deux monstruosités a 7 – 8 fleurs par épillets; la panicule est peu fournie. La seconde est remarquable par sa petite taille, et surtout parce que de ses gaines inférieures partent de petits chaumes qui rendent la tige rameuse, et que sa gaine supérieure produit un long pédicelle qui ne porte qu'un seul épillet.

(2) J'ai déjà parlé de cette monstruosité, que l'on confond avec le *Festuca lo-liacea;* chaque étage de la panicule est représenté par un seul épillet, presque toujours sessile.

(3) Voy. mes Obs.; LXXV.

γ. *compositum* (*T. compositum*
fl. fr.)

monococcum. E. 1. Champs (quasi-
spont.).

caninum (*ELYMUS*. LINN. *T. sepium*
fl. fr.). E. 1. 2. Haies, buissons, lx. couverts.

repens. E. 1. 2. Champs, jachères.

β. *glaucum* (1).

pinnatum (*BROMUS*. LINN.). E. 1.
Lx. secs et stériles, bois.

β. *gracile* (*T. gracile* fl. fr.).

sylvaticum. E. 1. Bois.

tenuiculum. P. 3. Prés, champs
(prairie de St.-Charles, près
du ruisseau de Nabécor). *R.*

SECALE

cereale. P. 2. (cult.).

LOLIUM

perenne. P. 3. E. Prés, chemins.

☞ *monstroso-cristatum* (*L.
perenne* β *cristatum* PERS.).

☞ *monstroso — compositum*
(*L. perenne* γ *ramosum* PERS.).

β. *tenue* (*L. tenue*. fl. fr.).

temulentum. E. 1. 2. Moissons.

* *spiculis muticis*.

ELYMUS

europæus. E. 1. 2. Bords des bois,
prés (fontaine St.-Barthélemy).

HORDEUM

vulgare.

β. *cœleste*.

hexastichum. } E. 1. (cult.).

distichum.

β. *nudum*.

muriuum. E. 1. Lx. stériles, décombres, bords des routes.

secalinum. E. 1. Prés secs.

Lemnacées.

LEMNA

trisulca. P. 3. E. 1. Eaux tranquilles.

minor. P. 3. E. 1. Eaux stagnantes.

β. *gibba* (*L. gibba* LINN.).

polyrhiza. P. 3. E. 1. Eaux stagnantes.

CRYPTOGAMES.

Characées.

CHARA

vulgaris. E. 1. Eaux lentes.

tomentosa. E. 1. Fossés (papeterie
de Champigneulle).

capillacea. E. 1. Eaux lentes (prairie de Tomblaine).

flexilis. E. 1. Fossés (entre Dombasle et Rosières).

glomerata LOIS. } E. 1. Marres (prai-
batrachosperma } rie de Tomblai.)

(1) Cette plante, qu'il ne faut pas confondre avec le *T. glaucum* DESF.,
n'est qu'une variété du *repens*, dont elle diffère par ses feuilles glabres, glauques en dessus, et par ses épis plus grêles, composés d'épillets qui ne contiennent
que deux fleurs, dont une seule est fertile. C'est à peine une variété, tandis
que la plante de DESFONTAINES est une espèce (*T. intermedium* HOST.).

Équisétacées.

EQUISETUM (1)

arvense. P. 1. 2. Champs graveleux et humides.

fluviatile (*E. fluviatile* et *telma-teya* fl. fr.). P. 2. 3. Lx. humides, marais, bords des rivières. *PC.*

sylvaticum. P. 2. 3. Bois (B. de la Côte d'Afrique).

palustre. P. 3. E. 1. Marais, prés humides.

☞ *monstroso-polystachyon*.

limosum. P. 3. E. 1. Marais, fossés aquatiques.

☞ *monstroso-paucidentatum* (2).

hyemale. H. 3. P. 1. Bois humides (Bleuhord).

Fougères.

OPHIOGLOSSUM

vulgatum. E. 1. Prés humides, marais des bois (Brabois. W. p.)

BOTRYCHIUM

lunaria (OSMUNDA. LINN). P. 3. E. 1. Pâturages montagneux, bords des bois (carrières de Maxéville; côte de Toul). *PC.*

OSMUNDA

regalis. E. 1. Lx. humides, bois

(entre Heillecourt et Montaigu. W. f.). *RR.*

CETERACH

officinarum (*ASPLENIUM ceterach* LINN.) P. Rochers, vieux murs (Amance. W. p.).

POLYPODIUM

vulgare. P. 3. E. Troncs d'arbres murs, toits.

calcareum. E. 1. 2. Rochers dans les bois. *cj*. (B. de Maxéville, près la papeterie de Champigneule).

POLYSTICHUM (*POLYPODIUM* LINN.)

thelypteris. E. 2. Lx. et bois humides (ruisseau de l'étang de Champigneule).

dilatatum. E. 1. 2. Bois (B. de Clairlieu, de Méréville).

filix-mas. P. 3.—E. 2. Bois, lx. stériles.

ASPIDIUM (*POLYPODIUM*. LINN.)

fragile. E. 2. Rochers dans les bois (F. de haye).

β. *regium* (*P. regium*. LINN.). Mêmes localités.

ATHYRIUM (*POLYPODIUM*. LINN.)

filix-fœmina. E. Bois montagneux et humides.

---

(1) Selon l'intéressant Mémoire de mon Collègue BRACONNOT sur l'analyse des Prêles, ces plantes ne croissent que dans des terrains siliceux, entièrement ou presque entièrement privés de calcaire. Voy. Annales de Chim. et de Phys. XXXIX. 5. ou Précis des trav. de la Soc. Roy. des Sc., Lett. et Arts de Nancy (1824 à 1828). 133.

(2) Cette monstruosité n'a que 10 – 12 dents au lieu de 20. Elle a été prise quelquefois pour une variété du *palustre*. J'ai cueilli à Bordeaux une autre monstruosité de cette plante, qui est *polystachyon* comme dans le *palustre*.

ASPLENIUM

ruta-muraria. P. 2. E. Murs, rochers ombragés.

viride. E. 1. 2. Rochers (vallon
entre le Champ-de-Bœuf et le
fond de Toul. W. f.!).

trichomanes. P. — A. 2. Murs,
rochers ombragés.

SCOLOPENDRIUM

officinale (*ASPLENIUM scolopen-*

drium LINN.). E. 2. 3. Lx.
humides et ombragés, puits
(puits de Clairlieu, bois de
Laxou).

PTERIS

aquilina. E. 1. 2. Bois.

Marsiléacées.

PILULARIA

globulifera. P. 3. E. 1. Lx. inondés,
bords des étangs (W. p.).

FIN DU CATALOGUE.

ADDITIONS ET CORRECTIONS.

A la page 37, note (2). Ce n'est point M. DONN, comme on l'avait cru,
qui a acquis l'herbier de LINNÉ. Cette précieuse collection, l'herbier de SMITH
et sa bibliothèque, ont été achetés 3,000 guinées (environ 78,000 fr.), par la
Société Linnéenne de Londres. Il serait digne de cette savante Compagnie, et
du nom qu'elle porte, de publier un jour l'*Herbarium Linnæanum*. Un tel
livre deviendrait le point de départ de tous nos travaux.

A la page 91. J'avais déjà dans mon herbier l'*Astrantia major* des Pyrénées, du Piémont et des jardins de Nancy et de Paris, lorsque M. DE
MIRBEL m'en envoya un échantillon cueilli dans les bois de la montagne
de S.t–Nizier (Dauphiné), avec cette inscription : « *A. major, var.* Variété
« remarquable par sa grandeur, et dont les folioles de l'involucre sont
« souvent dentées. M. BALBIS, à qui j'ai envoyé cette plante, me l'a nom-
« mée *A. maxima.* » Comme je ne la trouvai pas différente de mes autres
échantillons, si ce n'est que ses involucres atteignent un pouce de longueur,
tandis que les autres n'ont que 8–10 lignes, je ne l'en séparai pas. Les
folioles de tous ces échantillons sont souvent toutes tridentées au sommet, quelquefois toutes entières (comme dans un échantillon d'Argelèz).
Celui du jardin de Nancy n'a cependant l'involucre que de 7 lignes ; la
plupart des folioles sont entières. Mais je viens de recevoir des Alpes un
échantillon dont les folioles de l'involucre, qui sont toutes entières, n'ont
que 6 ½ lignes de longueur. Il se rapproche donc beaucoup de la var.
parviflora que j'ai signalée ; mais celle-ci s'en distingue toujours à ses feuilles
presque digitées, et aux folioles de son involucre moins acuminées et encore plus petites (de 5—5 ½ lignes).

A la page 132, ligne 16 (*Festuca pseudo-myuros*). Au lieu de 1 *lin.*, lisez 2 *lin.* Cette faute, qui se trouve aussi dans les Ann. des sc. nat. l. c., et qui rend la description contradictoire avec ce que j'ai dit précédemment, p. 131, l. 12, a été corrigée à la plume dans tous les exemplaires, ainsi que quelques autres moins importantes.

A la page 160. Après le genre *Xanthium*, ajoutez : *Helianthus tuberosus*. A. 1. (cult.).

A la page 163. M. Monnier vient de trouver l'*Hieracium pilosella monstroso-stoloniflorum* et *monstroso-brachiatum*. Il ne croit pas, comme M. Spenner (fl. friburg. suppl.), que cette dernière monstruosité soit une hybride des *H. pilosella* et *auricula*. Voyez au reste son Essai monographique sur les *Hieracium*, qui s'imprime en ce moment.

A la page 166. Ajoutez : *Myosotis perennis* β *sylvatica* (*M. sylvatica* Ehrh.). Les Bois.—C'est une variété, et non une variation; car elle ne diffère pas seulement du type par les poils dont elle est hérissée, mais encore par la longueur du calice, dont les divisions surpassent le tube de la corolle.

A la page 171. J'aurais dû dire qu'on trouve dans nos environs le *Lysimachia vulgaris* à feuilles opposées, ternées et quaternées. — De même que le *Primula grandiflora* porte quelquefois des pédoncules ombellifères, de même j'ai rencontré le *P. elatior* émettant quelques pédoncules uniflores. Dans ce dernier cas, c'est une monstruosité; dans le premier, c'est un retour au type : car on remarque que les pédoncules uniflores du *grandiflora* sont réunis par paquets, conservant à leur base les bractées qui auraient formé l'involucre propre au genre, et qui se voient en effet à leur place, lorsqu'il se développe un pédoncule accidentel entre la tige souterraine et cette espèce d'ombelle sessile.

A la page 175, ligne 2. Au lieu de *Euphorbia rubra*, lisez *E. retusa*.

TABLE DES GENRES.

Les lettres italiques indiquent les synonymes.

Acer. 146.
Achillea. 160.
Aconitum. 139.
Acorus. 182.
Actæa. 139.
Adenocarpus. 50.
Adonis. 6, 138.
Adoxa. 154.
Æcidium. 174.
Ægopodium. 155.
Æthusa. 89, 155.
Agrimonia. 150.
Agrostemma. 144.
Agrostis. 184.
Agrostis. 184.
Aira. 185.
Aira. 186, 187.
Ajuga. 168.
Alchemilla. 58, 150.
Alisma. 123, 176.
Alliaria. 142.
Allium. 180.
Alnus. 175.
Alopecurus. 185.
Alsine. 144.
Althæa. 145.
Alyssum. 141.
Amaranthus. 172.
Ammi. 155.
Amygdalus. 149.
Anagallis. 171.
Anchusa. 101.
Andropogon. 184.
Androsace. 111, 114, 171.
Anemone. 138.
Anemone. 138.
Angelica. 155.
Angelica. 154.
Anthemis. 160.
Anthericum. 180.
Anthoxanthum. 185.
Anthriscus. 156.
Anthyllis. 147.
Antirrhinum. 166.

Antirrhinum. 166.
Aphanes. 150.
Apium. 155.
Aquilegia. 139.
Arabis. 17, 140.
Arctium. 160, 161.
Arenaria. 37, 40, 136, 144.
Aretia. 112.
Aristolochia. 174.
Armeniaca. 149.
Artemisia. 96, 169.
Arum. 182.
Arundo. 186.
Arundo. 184.
Asarum. 174.
Asclepias. 164.
Asparagus. 179.
Asperula. 157.
Aspidium. 189.
Asplenium. 190.
Asplenium. 189, 190.
Aster. 92, 136, 158.
Astragalus. 148.
Astragalus. 53.
Astrantia. 90, 190.
Astrolobium. 148.
Athamanta. 155.
Athyrium. 189.
Atriplex. 136, 172.
Atropa. 166.
Avena. 185.

Ballota. 169.
Barbarea. 140.
Barkhausia. 162.
Bartsia. 105.
Bellis. 159.
Berberis. 15, 139.
Beta. 173.
Betonica, 167, 169.
Betula. 175.
Bidens. 160.
Botrychium. 189.
Brassica. 22, 142.

Brassica. 140, 142.
Briza. 187.
Bromus. 185.
Bromus. 188.
Brunella. 170.
Bryonia. 151.
Buffonia. 40.
Bulliarda. 153.
Bunias. 142.
Bunium. 155.
Buplevrum. 155.
Butomus. 176.

Calamagrostis. 184.
Calamagrostis. 184.
Callitriche. 152.
Calluna. 164.
Caltha. 139.
Camelina. 142.
Campanula. 164.
Campanula. 164.
Cannabis. 175.
Capsella. 142.
Cardamine. 18, 141.
Carduus. 160.
Carduus. 161.
Carex. 183.
Carlina. 162.
Carpinus. 176.
Carum. 155.
Caucalis. 154.
Caucalis. 154, 156.
Centaurea. 161.
Centunculus. 171.
Cerastium. 41, 47, 145.
Cerasus. 149.
Ceratophyllum. 152.
Ceterach. 189.
Chærophyllum. 156.
Chærophyllum. 156.
Chara. 188.
Cheiranthus. 140.
Cheiranthus. 21, 142.
Chelidonium. 140.

Chenopodium. 172.
Chironia. 165.
Chondrilla. 162.
Chrysanthemum. 160.
Chrysosplenium. 154.
Cichorium. 164.
Cicuta. 156.
Circæa. 151.
Cirsium. 161.
Cistus. 143.
Clematis. 138.
Clinopodium. 170.
Cnicus. 161.
Cochlearia. 142.
Colchicum. 180.
Comarum. 150.
Conium. 156.
Convallaria. 179.
Convallaria. 179.
Convolvulus. 165.
Conyza. 159.
Coreopsis. 160.
Cornus. 156.
Coronilla. 148.
Corrigiola. 152.
Corydalis. 140.
Corylus. 176.
Cratægus. 151.
Cratægus. 151.
Crepis. 162.
Crepis. 162.
Cucubalus. 144.
Cucumis. 151.
Cucurbita. 151.
Cuscuta. 98, 165.
Cydonia. 151.
Cynanchum. 164.
Cynara. 161.
Cynodon. 184.
Cynoglossum. 101, 166.
Cynosurus. 187.
Cynosurus. 187.
Cyperus. 182.
Cypripedium. 179.
Cytisus. 147.
Cytisus. 50.

Dactylis. 186.
Danthonia. 185.
Daphne. 174.
Datura. 166.
Daucus. 154.

Delphinium. 139.
Dentaria. 141.
Dianthus. 143.
Digitalis. 166.
Digitaria. 184.
Diplotaxis. 142.
Dipsacus. 157.
Draba. 19.
Draba. 141.
Drepanophyllum. 155.
Drosera. 26.

Echium. 165.
Elichrysum. 160.
Elymus. 188.
Elymus. 188.
Epilobium. 60, 151.
Epipactis. 179.
Equisetum. 189.
Eranthis. 139.
Erica. 98.
Erica. 164.
Erigeron. 159.
Eriophorum. 124. 182.
Erodium. 48, 146.
Erophila. 141.
Eruca. 23.
Ervum. 149.
Eryngium. 156.
Erysimum. 21, 142.
Erysimum. 140, 141, 142.
Erythræa. 165.
Eupatorium. 157.
Euphorbia. 174, 191.
Euphrasia. 104. 107, 167.
Evonymus. 147.

Faba. 149.
Fagus. 175.
Festuca. 128, 186, 187, 191.
Festuca. 185, 187.
Ficaria. 139.
Filago. 160.
Fragaria. 150.
Fragaria. 150.
Frankenia. 31.
Fraxinus. 164.
Fumaria. 17, 140.
Fumaria. 140.

Gagea. 180.

Galeobdolon. 169.
Galeopsis. 169.
Galeopsis. 169.
Galium. 92, 156.
Genista. 147.
Gentiana. 165.
Gentiana. 165.
Geranium. 49, 146.
Geranium. 146.
Geum. 55, 150.
Glechoma. 169.
Globularia. 171.
Gnaphalium. 159.
Gnaphalium. 160.
Gratiola. 166.
Guepinia. 141.
Gypsophila. 6, 143.

Hedera. 156.
Hedysarum. 149.
Helianthemum. 143
Helianthus. 191.
Heliotropium. 165.
Helleborus. 139.
Helleborus. 139.
Helminthia. 163.
Helosciadium. 155.
Hepatica. 138.
Heracleum. 154.
Herniaria. 152.
Hesperis. 142.
Hieracium. 163, 191.
Hippocrepis. 149.
Hippuris. 152.
Holcus. 185.
Holosteum. 144.
Hordeum. 188.
Humulus. 175.
Hydrocharis. 176.
Hydrocotyle. 156.
Hyoscyamus. 166.
Hyoseris. 162.
Hypericum. 145.
Hypochæris. 163.

Iberis. 141.
Iberis. 141.
Illecebrum. 152.
Impatiens. 146.
Imperatoria. 155.
Inula. 159.
Iris. 179.

Isatis. 142.

Jasione. 164.
Juglans. 175.
Juncus. 123, 180, 182.
Juncus. 181.
Juniperus. 122, 176.

Knautia. 157.
Kœleria. 186.

Lactuca. 162.
Lamium. 169.
Lampsana. 162.
Lappa. 160, 161.
Larbrea. 144.
Laserpitium. 76, 154.
Laserpitium. 76.
Lathræa. 167.
Lathyrus. 54, 149.
Leersia. 184.
Lemna. 188.
Leontodon. 163.
Leontodon. 162, 163.
Leonurus. 169.
Lepidium. 142.
Lepidium. 141.
Leucoïum. 179.
Ligusticum. 155.
Ligustrum. 164.
Lilium. 179.
Limodorum. 179.
Limosella. 167.
Linaria. 166.
Linum. 145.
Linum. 145.
Lithospermum. 165.
Lolium. 188.
Lonicera. 156.
Lotus. 148.
Lunaria. 141.
Luzula. 181.
Lychnis. 35, 144.
Lycopsis. 166.
Lycopus. 168.
Lysimachia. 171, 191.
Lythrum. 67, 152.

Malva. 145.
Marrubium. 169.
Matricaria. 160.
Mayanthemum. 179.
Mays. 184.

Medicago. 147.
Melampyrum. 103, 167.
Melica. 185.
Melica. 186.
Melilotus. 148.
Melissa. 170.
Melissa. 170.
Melittis. 170.
Mentha. 170.
Menyanthes. 164.
Mercurialis. 175.
Mespilus. 151.
Mespilus. 151.
Meum. 89.
Milium, 125, 184.
Monotropa. 164.
Montia. 152.
Myagrum. 142.
Myosotis. 166, 191.
Myosurus. 138.
Myriophyllum. 152.

Narcissus. 179.
Nardus. 187.
Nasturtium. 140.
Nayas. 178.
Neottia. 179.
Nepeta. 170.
Neslia. 142.
Nicotiana. 166.
Nigella. 139.
Nuphar. 140.
Nymphæa. 140.
Nymphæa. 140.

OEnanthe. 155.
OEnothera. 151.
Onobrychis. 149.
Ononis. 147.
Onopordon. 160.
Ophioglossum. 189.
Ophrys. 123, 178.
Ophrys. 179.
Orchis. 123, 178.
Orchis. 179.
Origanum. 170.
Orlaya. 154.
Ornithogalum. 180.
Ornithogalum. 180.
Ornithopus. 53, 149.
Ornithopus. 148.
Orobanche. 167.

Orobus. 149.
Osmunda. 189.
Osmunda. 189.
Oxalis. 147.
Oxytropis. 53.

Panicum. 184.
Panicum. 184.
Papaver. 140.
Parietaria. 121, 175.
Paris. 179.
Parnassia. 143.
Paronychia. 152.
Passerina. 120.
Pastinaca. 154.
Pedicularis. 167.
Peplis. 152.
Persica. 149.
Petroselinum. 155.
Peucedanum. 154.
Peucedanum. 155.
Phalangium. 180.
Phalaris. 184.
Phalaris. 184, 185.
Phascolus. 149.
Phellandrium. 155.
Phleum. 126, 185.
Physalis. 166.
Phyteuma. 96, 164.
Picris. 163.
Picris. 163.
Pilularia. 190.
Pimpinella. 155.
Pinus. 123.
Pisum. 149.
Plantago. 171.
Poa. 136, 186, 187.
Poa. 186.
Podospermum. 163.
Polycnemum. 172.
Polygala. 27, 143.
Polygonum. 119, 174.
Polypodium. 189.
Polypodium. 189.
Polystichum. 189.
Populus. 175.
Portulaca. 152.
Potamogeton. 176.
Potentilla. 56, 150.
Poterium. 150.
Prenanthes. 162.
Primula. 115, 171, 191.

Prismatocarpus. 164.
Prunus. 149.
Prunus. 149.
Psoralea. 52.
Pteris. 190.
Pulmonaria. 165.
Pyrethrum. 160.
Pyrola. 164.
Pyrus. 151.

Quercus. 175.

Radiola. 145.
Ranunculus. 10, 14, 138.
Ranunculus. 139.
Raphanus. 143.
Raphanus. 25.
Reseda. 143.
Rhamnus. 147.
Rhinanthus. 167.
Ribes. 153.
Rosa. 150.
Rubus. 150.
Ruellia. 121.
Rumex. 117, 173.

Sagina. 36, 144.
Sagittaria. 176.
Salicornia. 136, 172.
Salix. 175.
Salvia. 168.
Sambucus. 156.
Sanicula. 156.
Saponaria. 144.
Satyrium. 178.
Saxifraga. 68, 71, 72, 153.
Scabiosa. 157.
Scabiosa. 157.
Scandix. 156.
Scandix. 154, 156.
Schœnus. 182.
Scilla. 180.
Scirpus. 123, 182.
Scirpus. 182.
Scleranthus. 153.
Scolopendrium. 190.
Scorzonera. 163.

Scorzonera. 163.
Scrophularia. 101, 167.
Scutellaria. 171.
Secale. 188.
Sedum. 153.
Selinum. 155.
Selinum. 154, 155.
Sempervivum. 153.
Senebiera. 142.
Senecio. 158.
Serapias. 179.
Serratula. 161.
Serratula. 161.
Seseli. 87, 89, 155.
Seseli. 155.
Sesleria. 134, 187.
Sherardia. 157.
Sideritis. 111.
Silene. 32, 34, 144.
Siler. 76, 154.
Sinapis. 25, 142, 163.
Sisymbrium. 22, 25, 141.
Sisymbrium. 140, 141, 142.
Sium. 155.
Sium. 155.
Solanum. 166.
Soldanella. 116.
Solidago. 159.
Sonchus. 162.
Sorbus. 151.
Sparganium. 182.
Spartium. 147.
Spergula. 36, 144.
Spinacia. 172.
Spiræa. 150.
Stachys. 169.
Stellaria. 144.
Stellaria. 144.
Stellera. 174.
Symphytum. 165.

Tamus. 179.
Tanacetum. 160.
Taraxacum. 162.
Teesdalia. 141.
Teucrium. 169.

Teucrium. 168.
Thalictrum. 138.
Thesium. 174.
Thlaspi. 141.
Thlaspi. 141, 142.
Thrincia. 163.
Thymus. 170.
Tilia. 145.
Torilis. 154.
Tormentilla. 150.
Tragopogon. 163.
Trifolium. 51, 52, 148.
Trifolium. 148.
Triglochin. 136, 176.
Triticum. 187.
Turgenia. 154.
Turritis. 140.
Tussilago. 158.
Typha. 182.

Ulex. 147.
Ulmus. 175.
Uredo. 174, 184.
Urtica. 175.
Utricularia. 171.

Vaccinium. 164.
Valantia. 156.
Valeriana. 157.
Valeriana. 157.
Valerianella. 157.
Verbascum. 166.
Verbena. 171.
Veronica. 110, 168.
Viburnum. 156.
Vicia. 149.
Vicia. 149.
Villarsia. 165.
Vinca. 164.
Viola. 143.
Viscum. 156.
Vitis. 146.

Xanthium. 160.

Zannichellia. 177.
Zea. 184.

FIN.